Erlebnis-Zoo Hannover

Entdecken Sie mit uns Deutschlands spektakulärsten Tierpark

Wir freuen uns auf Sie

Zoodirektor Klaus-Michael Machens

Herzlich willkommen im Erlebnis-Zoo Hannover! Entdecken Sie über 2.300 Tiere in sieben einmaligen, aufwändig gestalteten Erlebniswelten: In der afrikanischen Flusslandschaft Sambesi, auf dem imposanten Gorillaberg, im prächtigen Dschungelpalast, auf dem urigen Meyers Hof, im kunterbunten Kinderland Mullewapp, im australischen Outback und jetzt in der neuen Kanada-Abenteuerlandschaft Yukon Bay!

Der Erlebnis-Zoo Hannover ist einer der ältesten und traditionsreichsten Zoos der Welt. Und er ist gleichzeitig der Zoo der Zukunft. Als erster Zoo bundesweit verabschiedete er sich konsequent von der Käfighaltung und präsentiert die Tiere seitdem in naturnah gestalteten Landschaften. Seit Beginn des Umbaus 1996 konnte die Besucherzahl um 92 % auf über 1,2 Millionen pro Jahr gesteigert werden. Zoos weltweit kopieren heute das Konzept aus Hannover – und über dieses schöne Kompliment freuen wir uns sehr.

Alles fing mit einer Vision an: Wir wollten Menschen für Tiere begeistern! Unzählige Tierarten sind in freier Wildbahn vom Aussterben bedroht, manche Zootiere gehören bereits zu den letzten ihrer Art. Höchste Zeit zu handeln! Unsere Philosophie: Nur was Menschen kennen, werden sie lieben. Nur was Menschen lieben, werden sie schützen. Und da Erleben die intensivste und nachhaltigste Form des (Kennen-)Lernens ist, vermitteln wir das Wissen über die Tiere, ihre Biologie und ihre Schützenswürdigkeit mit Spannung und Spaß in sieben einzigartig gestalteten Erlebniswelten.

Unsere Tiere und wir – das Team des Erlebnis-Zoo Hannover – möchten Sie für ein neues Miteinander von Mensch und Tier gewinnen: Mit unterhaltsamen Shows, kommentierten Fütterungen, spannenden Erlebnisführungen und unvergesslichen Tierbegegnungen.

Wir freuen uns auf Sie

Haben Sie schon einmal einem Pelikan den Hals gekrault oder einem Eisbären direkt in die Augen geschaut? Wir stellen Ihnen unsere tierischen Schützlinge auf einzigartige Weise vor.

„Wir", das ist das Team des Erlebnis-Zoos. Neben unseren 2.300 tierischen Kollegen haben rund 500 menschliche Mitarbeiter vor und hinter den Kulissen Spaß daran, das Zoo-Abenteuer jeden Tag aufs Neue zu leben und unseren Gästen einen rundum gelungenen Tag im Zoo zu gestalten. Unser Team besteht aus Tierpflegern, Zoo-Scouts, Kellnern, Köchen, Tierärztinnen, Sekretärinnen, Zoologen, Gärtnern, Buchhaltern, Marketingspezialisten, Controllern, Kassierern, Schauspielern, Handwerkern, Soziologen, Ingenieuren, Event-Managern, Juristen, Bootsleuten und einer flinken Reinigungstruppe. Wir alle geben uns „tierische" Mühe, damit Sie sich bei uns wohl fühlen!

Wir wünschen Ihnen viel Spaß auf Ihrer Reise und einen unvergesslichen Tag im Zoo.

Herzlichst, Ihr

K-M Machens

Klaus-Michael Machens
Zoodirektor

MÖVENPICK®
PREMIUM ICE CREAM

Genussvolle Momente!

MAPLE
WALNUTS

SCHWARZWÄLDER
KIRSCH

MACAO®

MANDEL

Die Historie des Zoo Hannover

Die bewegte Geschichte von 1865 bis zum letzten großen Umbruch

Lange bevor über die Gründung eines Zoos in der heute bekannten Form überhaupt nachgedacht wurde, beschäftigten sich die Menschen mit kaum mehr als der heimischen Fauna. Reisende, die von ihren aufregenden Abenteuern in fernen Ländern manch schauerliche Geschichte zum Besten gaben, wurden teils belächelt, teils wurden die ausgeschmückten Erzählungen den Märchen gleichgesetzt. Tiere mit meterlangen Hälsen oder Katzentiere, die im Stande wären, ausgewachsene Rinder zu jagen – unglaublich.

Erst im Mittelalter, als Schausteller mit zahmen Braunbären oder Affen durch die Lande zogen, schienen die Legenden realer zu werden und man interessierte sich immer mehr für diese ungewöhnlichen Geschöpfe. Mit der Ausweitung des Außenhandels und der zunehmenden Erschließung ferner Länder durch die Schifffahrt waren es Seeleute, die immer mehr wilde Tiere mit nach Europa brachten. Bei den Schaustellern waren die Tiere heiß begehrt und so dauerte es nicht lange, bis ab Mitte des 16. Jahrhunderts immer größere Menagerien, wandernde Tierausstellungen, umherreisten. Diese präsentierten dem zahlenden Publikum dann neben Löwen und Tigern verschiedene Affenarten, Kamele, Papageien, Krokodile und viele andere Exoten.

Die ersten stationären Ausstellungen gab es schließlich in England und Holland. Mag man über den Wert dieser ersten Versuche, den Menschen die Tierwelt und das Wissen darüber näher zu bringen, durchaus streiten (über die wenig artgerechte Haltung erst recht), so dienten die Anschauungsobjekte doch vielen Künstlern und Wissenschaftlern der damaligen Zeit als willkommene und gern genutzte Gelegenheit, ihr Wissen ausführlich zu erweitern.

Die ersten Zoos entstehen

Noch während im 19. Jahrhundert die Wandermenagerien ihr Publikum anzogen, gründete man in Europa die ersten richtigen Zoos im heutigen Sinne. Neben denen in London (gegründet 1828), Amsterdam (1838) oder Paris (1793), wurden auch in Deutschland Tiergärten eröffnet. Die ersten Zoos auf deutschem Boden entstanden in Berlin (1844), Frankfurt (1858), Köln (1860) und Dresden (1861). Schnell erfreuten sich diese Einrichtungen wachsender Beliebtheit – so sah man in Frankreich in der besseren Haltung der Tiere, die nicht mehr ausschließlich in engen Käfigen gehalten wurden, eine Fortführung der französischen Revolution: Freiheit, Gleichheit und Brüderlichkeit eben auch für die Tierwelt.

Die bewegte Geschichte von 1865 bis zum letzten großen Umbruch

Ein Zoo für Hannover

Der Hannoveraner Bürgervorsteher Dr. Hermann Schläger war es, der am 15. November des Jahres 1860 in einem Vortrag vor der Naturhistorischen Gesellschaft in Hannover die Gründung eines Zoologischen Gartens anregte.

Seiner Meinung nach konnten ausgestopfte Tiere in Museen nicht genügend zum Wissen über die Natur beitragen. Nur lebendige Tiere könnten Jugend, Künstlern und Wissenschaft wirkliches Anschauungsmaterial liefern. Mit Blick auf die Tiergärten in London, Berlin und Frankfurt merkte er an, dass auch in wirtschaftlicher Sicht ein gutes Ergebnis zu erzielen sei – vorausgesetzt, man würde genügend aufbieten, um den Zoo zu einem beliebten Ausflugsziel zu machen.

Trotzdem setzte man zur Prüfung der Wirtschaftlichkeit eine

Kommission ein, die das Projekt schließlich befürwortete, mit der Stadtverwaltung ein geeignetes Grundstück suchte und diese um weitere Unterstützung bei dem Vorhaben bat. Die Grundstückssuche erwies sich als kniffelige Angelegenheit:

Ein ausreichend großer Platz sollte zur Verfügung stehen, der dennoch nicht zu weit vom Stadtkern entfernt wäre – öffentliche Verkehrsmittel gab es natürlich noch nicht und Kutschfahrten waren teuer. Der Zoo musste also zu Fuß erreichbar sein.

Der Weinhändler Georg Schultz, neben Dr. Hermann Schläger Mitglied in der Kommission, befürwortete energisch ein Waldgrundstück in Hanebuths Block und setzte sich mit seinen Argumenten schließlich durch. Im Juni 1863 entschieden die städtischen Kollegien, zwölf

Antilopenhaus aus dem Jahr 1892

Die bewegte Geschichte von 1865 bis zum letzten großen Umbruch

Morgen Land zum symbolischen Pachtpreis von einem Taler pro Jahr an den Aktienverein für den zoologischen Garten zu verpachten. Vertraglich wurde eine Unkündbarkeit für die nächsten 50 Jahre vereinbart. Später, kurz nach der Öffnung des Zoos, genehmigte der Magistrat dann eine Erweiterung um weitere 15 Morgen, um neben einem Raubtierhaus noch ein Gehege für Rehwild zu verwirklichen. Zwar übernahm die Stadt weiterhin keine rechtliche oder finanzielle Verantwortung, zeigte aber durch die Genehmigung, dass sie den Zoologischen Garten für förderungswürdig hielt.

Finanzielle und organisatorische Anfänge

Relativ ungewöhnlich für die damalige Zeit war der Plan, zur Finanzierung des Zoos einen Aktienverein zu

gründen. Ziel sollte es sein, dem Bürger ein gewisses Mitspracherecht zu geben, ihm das Gefühl zu vermitteln, dass der Zoo allen gemeinsam gehört – zumindest den Aktionären. Andererseits wurde ein Mitspracherecht der Stadt und vor allem des Königs ausgehebelt, zu dessen politischen Gegnern die Gründungsmitglieder Schultz und Schläger gehörten. 50 000 Aktien zum Stückpreis von 20 Talern wurden aufgelegt und fanden auch zunächst sehr großen Zuspruch: Bereits drei Monate nach der Ausgabe der Beteiligungen waren 23 000 Stück verkauft. Somit konnte zum 25. Februar 1863 die Gründungsversammlung einberufen werden.

Leider schaffte man es jedoch nicht, zahlungskräftige Angehörige des

Raubtierhaus um 1900

Die bewegte Geschichte von 1865 bis zum letzten großen Umbruch

Wo sollten die Tiere untergebracht werden, wenn noch keine Gehege und Zwinger fertig gestellt waren? Als Provisorium sollte eine eiligst umgebaute Gartenwirtschaft in der Nähe der Zoobaustelle dienen – und weitere Neuankömmlinge aufnehmen. Tiergeschenke wurden immer häufiger, nachdem sich die Gründung des Zoos herumgesprochen hatte. Der provisorische Zoo entwickelte sich dann erfreulicherweise schnell zu einem wahren Publikumsliebling. Die Einnahmen waren mehr als ausreichend, um die Kosten für die Angestellten, Futter und weitere Umbauten zu tragen. Dank „Butz" und „Petz", wie die kleinen Bären getauft wurden, waren in den ersten drei Monaten über 7 000 Menschen gekommen. Verwaltungsratsmitglied Georg Schultz machte sich ein Vergnügen daraus, die beiden Bären täglich aus dem Käfig zu holen und mit ihnen spazieren zu gehen – bis sie schließlich zu groß wurden und die Nähe zu den Besuchern zu gefährlich geworden wäre.

Adels von einem Kauf von Aktien zu überzeugen – selbst König Georg V., der dem Hamburger Zoo immerhin zu dessen Eröffnung zwei Pumas geschenkt hatte, verweigerte sich dem Tiergarten in seiner eigenen Residenzstadt. Nachdem dann auch größere Investitionen aus dem Kreise der Unternehmer ausblieben, hielten sich auch Kleinaktionäre mit dem Anteilskauf zurück. Sonderlich positiv war es zu Beginn nicht gerade um den Zoo bestellt.

Geschenke bringen Glück

Einen unerwarteten Wendepunkt markierte ein Geschenk des Königs. Dieser ließ dem noch im Bau befindlichen Zoo im Juni 1863 zwei junge Braunbären zukommen – was den Verwaltungsrat in organisatorische Schwierigkeiten brachte.

Wie bringt man Tiere artgerecht unter?

Während die früher gegründeten Zoos, zum Beispiel in Berlin oder Amsterdam, noch als reine Ausstellungsanlagen konzipiert waren,

Die bewegte Geschichte von 1865 bis zum letzten großen Umbruch

Publikumslieblinge um 1910:
Elefant Kaspar und Flusspferd Jeko

sollte der neue Zoo in Hannover sich deutlich artgerechter präsentieren. Die Aufgabe für den beauftragten Architekten Wilhelm Lüer war es also, den Tieren einen ihrer Natur entsprechenden Lebensraum zu schaffen und dies gleichzeitig mit den ästhetischen Ansprüchen der Zoobesucher zu vereinbaren.

Das Gelände, das Wilhelm Lüer zur Verfügung stand, war für seine Visionen ideal: ein Bestand alter Bäume, in den der Tiergarten stimmig eingefügt werden konnte. Hier und dort sollten Lichtungen geschlagen und so Platz für Gehege, Wege und Gebäude geschaffen werden. Bereits während der Planungsphase schnellten die voraussichtlichen Baukosten in die Höhe: Waren zu Beginn noch 17 000 Taler veranschlagt worden, berechnete man aufgrund Lüers erster Entwürfe bereits fast das Doppelte, nämlich 30 000 Taler. Der Architekt sah vor, einige bis dahin in Deutschland noch nicht gesehene Anlagen wie eine künstliche Felsenanlage und eine große Vogel-Voliere zu errichten.

Die Pläne wurden am 12. September 1863 von den Aktionären unter Beifall genehmigt, so dass kurz darauf die Bauarbeiten tatsächlich beginnen konnten. Und obwohl der Zoo bei Eröffnung dann schließlich schon die stolze Summe von 43 000 Talern gekostet hatte, wurde der fertige Tier-

Die bewegte Geschichte von 1865 bis zum letzten großen Umbruch

Oberinspektor Carl Eiffert vor der im Zweiten Weltkrieg zerstörten Flusspferdanlage

...garten begeistert aufgenommen. Leider stellte sich im Laufe der nächsten Monate heraus, dass sich trotz der optischen Schönheit der Anlagen bei der Planung einige Fehler eingeschlichen hatten, die etwa die freie Sicht auf die Tiere oder teilweise die Reinigung der Tierunterkünfte erschwerten. Obwohl die Beseitigung der Mängel und der Bau weiterer Anlagen, wie Kamelhaus und Raubtierhaus, noch einmal 10 000 Taler verschlangen, stellte sich der Verwaltungsrat jedoch, trotz größer werdender Kritik, weiterhin hinter den Architekten Wilhelm Lüer.

Im Laufe der folgenden Jahre änderten sich nach und nach die Ansichten über eine artgerechte Tierhaltung. Während Lüers Bauten noch von Ästhetik und dem Nachempfinden der, in den Köpfen der Menschen verankerten, natürlichen Umgebung der Tiere geprägt waren, entwickelte sich nun alles in Richtung auf den ersten Blick nüchterner Anlagen. Moderne Gehege sollten die Tiere fordern, ihnen Gelegenheit geben, die Hufe und Hörner abzunutzen und sich in der Anlage zu verstecken, wenn dies nötig erschien.

Obwohl die späteren Bauten also, zumindest in den Augen der Besucher, einen Rückschritt bedeuteten, gaben doch die Ergebnisse wie längere Lebensdauer, bessere Gesundheit der Tiere und nicht zuletzt die Fortpflanzungserfolge den späteren Architekten Recht. Durch das heutzutage wesentlich größere Wissen über die Bedürfnisse der Tiere und über modernste Technik ist es inzwischen möglich, die beiden Vorstellungen zu vereinen, einerseits die Natur detailgetreu nachzubilden und andererseits den Tieren einen nahezu perfekten Lebensraum zu bieten.

Zerstörtes Elefantenhaus im von Bombentrichtern übersäten Zoogelände

Die bewegte Geschichte von 1865 bis zum letzten großen Umbruch

Finanzielles Auf und Ab

Von der Gründung an hatte der Zoo mit finanziellen Problemen zu kämpfen. Waren es anfangs die immensen Baukosten, die an Nerven und

Völkerschau 1926

Geldbeutel der Beteiligten zehrten, waren es später auch geringe Besucherzahlen, die für sorgenvolle Gesichter sorgten.
Während der Zeit des deutsch-französischen Krieges 1870/71, als die Bevölkerung nicht an Zoobesuche dachte, beliefen sich die Schulden des Zoos auf 9 000 Taler, und weitere 20 600 Taler wurden an Betriebskosten benötigt. Durch eine Lotterie, die im Jahre 1876 veranstaltet wurde, schaffte es der

Zoo aber, stolze 46 000 Mark, wie die neue Währung nach dem Krieg nun hieß, einzunehmen und so einen Teil der drückenden Schuldenlast zu tilgen.

Letztlich die Rettung brachte dann aber erst der wirtschaftliche Aufschwung ab dem Jahre 1878, als sich die Bevölkerung auch wieder Vergnügungen leisten konnte. Hinzu kam die heute abenteuerlich anmutende Idee, neben Tieren auch Menschen auszustellen: Die Völkerschauen, bei denen afrikanische Stämme, Indianer oder Kirgisen präsentiert wurden, erwiesen sich als wahre Publikumsmagnete.

Durch Verbesserung der Gastronomie gelang es außerdem, wieder mehr Dauerkarten zu verkaufen und mit den daraus resultierenden festen Einnahmen nicht nur andere Zoos zu überholen, sondern vor allem wieder investieren zu können. Nach dem Ersten Weltkrieg fiel der Zoo in ein erneutes finanzielles Loch, zudem waren die Tierbestände drastisch zurückgegangen. Neben Plänen, den Zoo durch einen angeschlossenen Vergnügungspark attraktiver zu machen, wurde eine Übernahme durch die Stadt Hannover in Erwägung gezogen. Nach langem Hin und Her einigte man sich schließlich auf die Übernahme und der Zoo ging inklusive aller Schulden in städtischen Besitz über. Das Engagement für den neuen Besitz hielt sich jedoch deutlich in Grenzen. Der Zoo wurde von 1922 bis 1924 sogar geschlossen und sämtliche Tiere wurden verkauft.

Kriege und Neuanfänge

In den Augen der Bevölkerung Hannovers war die Schließung des Zoos ein herber Verlust. Als sich im Frühjahr 1924 wieder ein Silberstreif am Horizont der wirtschaftlichen

Die bewegte Geschichte von 1865 bis zum letzten großen Umbruch

Lage zeigte, war schnell eine Bürgerinitiative gegründet, die sich für die Wiedereröffnung des Zoos stark machte. Hier sei besonders der Studienrat Otto Müller genannt, der mit viel Enthusiasmus und unkonventionellen Ideen für raschen Erfolg des bald florierenden Zoos sorgte. Zusammen mit dem Tierhändler Hermann Ruhe wurde ein großer Tierbestand aufgebaut.

Waren die Tiere aufgrund besonderer Vereinbarungen mit Ruhe zunächst eher als Leihgabe zu verstehen, konnte man nach erfolgreichen Werbeaktionen Müllers die Tiere erwerben und umfangreiche Umbaumaßnahmen vornehmen. So hatte Müller etwa die Ankunft der Tiere medienwirksam filmen und in Kinosälen präsentieren lassen. Erweiterungen der Tiergehege trafen offenbar den Geschmack der rasch mehr werdenden Besucher. Maßnahmen, die dem Bauamt so manches Kopfzerbrechen bereiteten, blieben jedoch aufgrund der offensichtlichen großen Erfolge ohne Folgen für Otto Müller.

Später wurde der Zoo dann von dem Tierhändler Hermann Ruhe gepachtet und unter Bezuschussung der

Stadt weitergeführt.
Der Beginn des Zweiten Weltkrieges blieb für den Betrieb des Zoos zunächst ohne Folgen, selbst die Besucherzahlen nahmen anfangs kaum ab – Zerstreuung war offensichtlich notwendig und willkommen. Bei schweren Bombenangriffen am 8. Oktober und 18. November 1943 wurde der Zoo jedoch weitgehend zerstört und musste 1944 wiederum bis zur Beseitigung der Kriegsschäden im Mai 1946 geschlossen werden. ●

Links: Gorillagehege 1980
Mitte: Nashornanlage 1970
Rechts. Ententeich 1960

Der neue Erlebnis-Zoo

Der neue Erlebnis-Zoo

Von der grauen Maus...

Der Zweite Weltkrieg hatte verheerende Spuren hinterlassen: Die Gebäude und Gehege waren zu großen Teilen zerstört. Nun musste zunächst die Frage geklärt werden, ob der Zoo unverändert wieder aufgebaut oder neu gestaltet werden sollte. Man entschied sich für die Neugestaltung und die Idee, erstmals auf eine komplette Umzäunung vieler Tiergehege zu verzichten.

Durch jahrelange Beobachtung hatte man festgestellt, dass oftmals ein „symbolischer Graben" ausreichte, um die Tiere in ihrem Gehege zu halten. Obwohl Antilopen zum Beispiel einen zwei Meter

breiten Graben ohne Probleme überspringen könnten, blieben diese trotzdem in „ihrem" Gehege, da sie sich dort sicher fühlten und ihre Bedürfnisse nach Nahrung und Gesellschaft befriedigt wurden.

Dieses „Hannoversche Grabenprinzip" wurde nach und nach auch von anderen Zoos weltweit aufgegriffen.

Betreiberwechsel – der Zoo in öffentlicher Hand

Im Jahr 1971 entschied sich die Stadt Hannover dafür, den Pachtvertrag mit der Firma Ruhe nicht mehr zu verlängern. Die Tierpfleger wurden von der Stadt jedoch übernommen. Die zunehmende Motorisierung der Bevölkerung sorgte dafür, dass sich das Einzugsgebiet des Zoos erweiterte und die Besucherzahlen anstiegen.

Im Jahr 1975 erreichte man sogar fast die magische Million – ein Zeichen dafür, dass das neue Konzept des Zoos Anklang fand. Leider musste man in den folgenden Jahren aber feststellen, dass mit Freizeitparks, Safariparks und den modernen Sporteinrichtungen eine starke Konkurrenz he-

ranwuchs, die die hart erarbeiteten Rekorde wieder schmelzen ließ – innerhalb von sechs Jahren schrumpften die Besucherzahlen wieder um ein Viertel. Hinzu kamen Umweltauflagen, die den Betrieb des Zoos dauerhaft verteuern

selhaftem Verlauf geprägten Geschichte befand er sich erneut in einer existenzbedrohenden Krise. Im Wettbewerb mit privaten Freizeiteinrichtungen waren Investitionen notwendig, für die keine finanziellen Mittel zur Verfügung standen: Parallel zum Besucherrückgang kürzte auch die Stadt die Zuschüsse von 7 Millionen DM 1991 auf nur noch 2,8 Millionen DM 1993.

Um den Zoo erneut zu retten, entschied man sich dazu, den Tiergarten in eine GmbH einzubringen und an den Kommunalverband Hannover zum symbolischen Preis von einer Deutschen Mark zu verkaufen. Ein Planungsteam sollte nun herausfinden, wo die Stärken und Schwächen des Zoos lagen – insbesondere mit Blick auf die überregionale Konkurrenz.

Das Ergebnis überraschte: Trotz oftmals deutlich höherer Preise erfreuten sich die privaten Mitbewerber reger Publikumsgunst und hoher Besucherfrequenzen. Die Lösung konnte somit nur lauten, nicht an der Kostenschraube zu drehen, sondern das eigene Angebot deutlich attraktiver zu gestalten.

sollten. Eine erneute komplette Umstrukturierung erschien unumgänglich.

Zeitsprung – die 90er

Noch zu Beginn der 90er Jahre war es um die Zukunft des hannoverschen Zoos nicht gut bestellt. Nach einer langen, von wech-

Das Konzept „Zoo 2000"

Zoofachleute, Architekten und Freizeitforscher entwickelten in enger Zusammenarbeit das Konzept „Zoo 2000", mit dem sich die Zoo Hannover GmbH erfolgreich

19

Der neue Erlebnis-Zoo

Von der grauen Maus...

am internationalen Ideenwettbewerb zur Weltausstellung EXPO 2000 beteiligte. Am 12. April 1996 wurde der Zoo als „Projekt EXPO 2000" offiziell registriert.

„Nur was Menschen kennen, werden sie lieben; nur was Menschen lieben, werden sie schützen" – mit diesen Worten (frei nach dem senegalesischen Umweltschützer Baba Dioum) lässt sich die dem Konzept zugrunde liegende Philosophie treffend zusammenfassen. Folgerichtig wurde bei der großflächigen Umgestaltung des Zoos ein Schlussstrich unter die bekannte Tierpräsentation in konventionellen Gehegen gezogen. In Szenarien wurden vielmehr – mit großer Sorgfalt für Details – die natürlichen Lebensräume der Tiere nachgebildet. Gastronomie- und Shopping-Erlebnisse sind integrale Bestandteile der Gesamtanlage.

Investitionen

Umgerechnet rund 65 Millionen Euro wurden veranschlagt, um den herkömmlichen Zoo Hannover mit angestaubtem Ausstellungscharakter in einen der attraktivsten Zoos der Welt zu verwandeln!

Nach Realisierung von drei der insgesamt fünf geplanten Themenbereichen bestätigte eine Zwischenbilanz zum Jahresende 1998, dass die Zoo Hannover GmbH mit dem innovativen Konzept richtig lag: Seit dem Beginn des Umbaus 1996 stieg die jährliche Besucherzahl um 92 % auf 1,2 Millionen. Parallel dazu stiegen die Eintrittseinnahmen um mehr als 419 %.

Der Zoo heute – was ist anders?

Was das einmalige Profil des umgestalteten Zoos ausmacht, ist die Qualität seiner thematisch strukturierten Erlebniswelten vom

Die Geschichte des Erlebnis-Zoo Hannover in Zahlen

4.5.1865
Gründung als AG

1920 – 1932
Städtische Verwaltung

1932 – 1972
Verpachtet an Tierhändler Ruhe

1972
Übernahme durch die Stadt

1993
Umwandlung in GmbH

1994
Neuer Gesellschafter: Kommunalverband Großraum Hannover (heute Region Hannover)

1995
Neues Betriebskonzept Masterplan

1996
Eröffnung des Gorillaberges

1997
Gründung Zoo Hannover Service GmbH
Eröffnung des Dschungelpalastes

1998
Eröffnung Meyers Hof
Eröffnung Sambesi I und II (Löwen-/Giraffenlandschaft und Afrikasteppe)

1999
Eröffnung Sambesi III (Flusspferdlandschaft)

2000
Fertigstellung Sambesi mit Afrikadorf und Bootsfahrt

2002
Eröffnung Streichelland

2004
Freilegung der Prunk-Gemächer des Maharadschas

2005
Eröffnung Abenteuerspielplatz „Die Brodelburg"

2006
Eröffnung Wald der Wölfe

2007
Eröffnung Kinderland Mullewapp

2008
Baubeginn Yukon Bay

2010
Eröffnung der Themenbereiche Outback und Yukon Bay

Investitionen für Menschen und Tiere

Die Investitionen des Erlebnis-Zoo Hannover sind europaweit ohne Beispiel. Kein anderer Zoo hat in so kurzer Zeit so viel für Tiere und Menschen bewegt! Im Unterschied zu den anderen deutschen Zoos in öffentlicher Trägerschaft bilden die Eintrittsgelder sowie die Einnahmen aus Souvenir-Shops, Gastronomie und Service-Angeboten die wesentliche Basis für die Finanzierung der Investitionen.

Einnahmen und Ausgaben

Stand: Jahresabschluss 2009

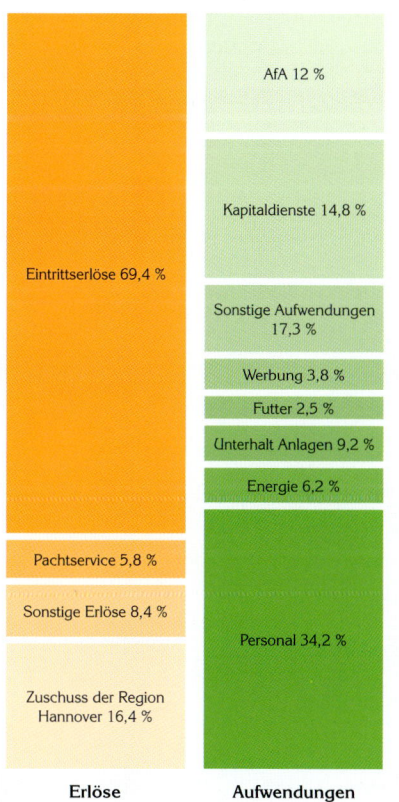

Erlöse	Aufwendungen
Eintrittserlöse 69,4 %	AfA 12 %
	Kapitaldienste 14,8 %
	Sonstige Aufwendungen 17,3 %
	Werbung 3,8 %
	Futter 2,5 %
	Unterhalt Anlagen 9,2 %
	Energie 6,2 %
Pachtservice 5,8 %	
Sonstige Erlöse 8,4 %	Personal 34,2 %
Zuschuss der Region Hannover 16,4 %	

Gorillaberg über den Dschungelpalast, Meyers Hof bis zur afrikanischen Flusslandschaft Sambesi: Diese spannungsvoll inszenierten Themenbereiche erlauben Besuchern aller Alters- und Bildungsstufen mannigfaltige, individuell gestaltbare Begegnungsmöglichkeiten mit der Welt und dem Leben der Tiere.

Was den traditionellen Zoofreund zunächst vielleicht sogar irritieren mag: Vom klassischen Bildungsauftrag des Tiergartens alter Prägung ist auf den ersten Blick nicht viel übrig geblieben – kein pädagogisch erhobener Zeigefinger weit und breit. Vielmehr gibt es heute im *Erlebnis-Zoo Hannover* eine Fülle von Gelegenheiten, auf eigene Faust auf Entdeckungsreisen zu gehen und auf Neues zu stoßen – unterhaltsames Infotainment statt zäher Wissensvermittlung wie in der Schule. Ein weiterer, ganz spezieller Reiz der Themenbereiche: Jeder von ihnen liefert gewissermaßen den Beginn einer Geschichte, deren Erzählfäden der Besucher nach Belieben aufnehmen und

Von der grauen Maus...

weiterspinnen kann – ein Konzept, das in den nachfolgenden Artikeln dieses Buches noch weiter verdeutlicht wird.

Der Besucher als Teil des Ganzen

In den Themenbereichen werden die Besucher scheinbar in den natürlichen Lebensraum der Tiere versetzt. Um möglichst beeindruckende, hautnahe Begegnungen zu ermöglichen, sind die erforderlichen Sicherheitsbarrieren integrale Bestandteile der landschaftlichen Gestaltung. Sie werden daher nicht als Abgrenzungen wahrgenommen: Gräben und naturnah nachgebildete

Felsen haben sicher eine andere Wirkung als ein Gitter oder Glaswände. Immer wieder spielt die Architektur mit der natürlichen Neugier der Besucher, lädt dazu ein, Einblick zu nehmen und Verborgenes zu entdecken – nach dem Motto „Wenn irgendwo ein Schlüsselloch ist, will man auch durchgucken" (Kurt Schwitters).

Detailarbeiten

Bei dem für die Besucher sichtbaren Bereich wird großer Wert auf die Stimmigkeit

Heutige Elefantenanlage im Dschungelpalast

gelegt; so sind die Felsen aus Beton von Spezialisten nach natürlichen Vorbildern ebenso realistisch nachgebildet wie die Sandsteinquader des Dschungelpalastes. Dem Prinzip der Thematisierung folgend wurden selbst die Waschbecken im Dschungelpalast im indischen Stil gestaltet und mit antikisierten Messingarmaturen künstlerisch bestückt. Hinter den Kulissen dagegen liegt der Schwerpunkt auf Funktionalität und zukunftsweisender Technik. Generell sind Nutzgebäude zum Publikum hin thematisch verkleidet oder beispielsweise durch eine Übergrünung kaschiert, so dass sie sich harmonisch in die Umgebung ein-

fügen. Schaugebäude wiederum wurden unter Einbeziehung detailgetreuer Stilelemente aus dem entsprechenden Kulturkreis gestaltet.

Das Plus an Service und Information

Schaufütterungen, Shows, Führungen und Informationsbroschüren sind stimmig in die Gesamtkonzeption integriert. Die Schaufütterungen etwa nutzen die Pfleger, um die Besucher per Mikrofon über interessante Details zu informieren – beispielsweise da-

Heutige Flusspferdanlage im Sambesi

Von der grauen Maus...

rüber, wie wichtig es ist, bei der Fütterung der Affenhorde penibel die soziale Rangordnung zu beachten, damit kein Unfriede aufkommt. Seelöwen, Greifvögel und Reptilien sind die Stars von dramaturgisch perfekten Shows. Allerdings handelt es sich dabei keineswegs um andressierte Kunststückchen; vielmehr werden die natürlichen Fähigkeiten der Tiere aktiviert und in einem attraktiven Rahmen präsentiert. So ist es besipielsweise für Jung und Alt immer wieder spannend zu erleben, wie ein Falke auf die Jagd geht – was selbstverständlich nur mit Hilfe eines Köders demonstriert wird.

Gestärkt in die Zukunft

Das neue Konzept des *Erlebnis-Zoo Hannover* geht auf, wie aktuelle Besucherzahlen – und nicht zuletzt auch der finanzielle Erfolg zeigen: Während öffentliche Zoos in der Regel ein Zuschussgeschäft bleiben, die überwiegend auf Unterstützung durch Stadt

Traumnote für den Erlebnis-Zoo Hannover

93,6 % der Besucher bewerten den Erlebnis-Zoo Hannover insgesamt mit sehr gut bis gut.

**93,6 %
sehr gut bis gut**

Quelle: Repräsentativ-Befragung 2006, Frage: „Wie gefällt Ihnen der Erlebnis-Zoo insgesamt?"

und Land angewiesen sind, kann der *Erlebnis-Zoo* seine Ausgaben vorwiegend aus
Eintrittserlösen decken.

Nur etwa 20% Zuschuss werden durch die
Region Hannover gezahlt – eine deutliche
Entlastung für die öffentliche Hand. Und
schließlich wird der *Erlebnis-Zoo Hannover*

Links: Detailgetreue Dschungelpalast-Thematisierung
Oben: Hafenbecken im Themenbereich Yukon Bay

mit den 2010 eröffneten Themenbereichen
Yukon Bay (ausführliche Informationen ab
ab S.83) und Outback (ab S.125) auch in
Zukunft Maßstäbe setzen. ●

Der Asiatische Elefant ist vom Aussterben bedroht!

Die Nachzucht im Zoo kann das Überleben der sensiblen Dickhäuter sichern. Das stellt der Zoo Hannover eindrucksvoll unter Beweis: Allein im Jahr 2010 werden fünf Babyelefanten erwartet – Weltrekord! Vier weitere wurden in den vergangenen Jahren in Hannover geboren.

Die Pflege eines Elefanten kostet rund 219 EUR am Tag! Eine tonnenschwere finanzielle Herausforderung, bei der wir den Zoo unterstützen. Werden auch Sie aktiv! Helfen Sie, die Asiatischen Elefanten zu bewahren!

Mehr Informationen finden Sie auch im Internet unter **www.zoo-stiftung.de**

Helfen Sie uns – mit Ihrer Spende!

Sambesi

Sambesi

Afrika mitten in Hannover

Afrika, der schwarze Kontinent, ist dreimal so groß wie Europa. Mit einer Gesamtfläche von über 30 Millionen Quadratkilometern hat er beim Wettbewerb „Die Welt sucht den größten Erdteil" den zweiten Platz ergattert – direkt nach Asien. Im Norden wird Afrika vom Mittelmeer, im Westen vom Atlantik und im Osten vom Roten Meer sowie dem Indischen Ozean begrenzt. Im Süden des Kontinents fließt der Sambesi. Die Quelle des Flusses befindet sich in Sambia, von wo aus er seinen Weg durch Angola und Mosambik nimmt. Nach über 2 000 Kilometern mündet er schließlich im Indischen Ozean.

Mit der Länge seines realen Vorbildes kann es der Sambesi im *Erlebnis-Zoo Hannover* natürlich nicht aufnehmen, aber dafür ist das Treiben rund um den Fluss sowie die Bootsfahrt darauf mindestens genauso spannend und abwechslungsreich wie auf seinem großen Bruder. Entdecken Sie jetzt Afrika – mitten in Europa!

Direkt hinter dem Eingangsbereich des Zoos betreten Sie eine fremde, exotische Welt. Auf rund 49 000 Quadratmetern ist hier eine einzigartige Abenteuerlandschaft für Tiere und Menschen entstanden. Hier wird Afrika nicht nur im Miniaturformat präsentiert, hier können Sie den schwarzen Kontinent mit allen Sinnen erleben.

Von der abenteuerlichen Hängebrücke aus, direkt hinter den strohgedeckten afrikanischen Rundhütten, können Sie bereits einen Blick auf die Uferlandschaft werfen. Dort, in der Nähe eines Wasserfalls, der sich in den Sambesi ergießt, schnäbeln Flamingos, fischen Pelikane nach ihrem Futter. Die Pelikane können Sie aber nicht nur von der Hängebrücke aus beobachten, sondern ihnen tatsächlich auch einen „Hausbesuch" abstatten.

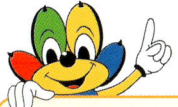

Afrika mitten in Hannover

Parkscout-Tipp

Den Toiletten sollten Sie auf jeden Fall einen Besuch abstatten – und das nicht nur im Sambesi-Bereich. Diese Erleichterungsgelegenheiten sind im Stil des jeweiligen Bereichs gehalten und mit viel Liebe zum Detail eingerichtet worden. Sie sind damit auf jeden Fall immer einen Blick wert.

Betreten Sie die einzigartige „Pelikanbegegnungsstätte", um die rosa Spaßvögel aus nächster Nähe zu beobachten – oder sogar zu streicheln! Parkbänke laden die Besucher zum längeren Verweilen ein. „Afrika zum Anfassen" lautet, zumindest hier, das Motto. Bei Ihrem Besuch des Löwenbereichs sollten Sie dies, aus nahe liegenden Gründen, allerdings nicht mehr allzu wörtlich nehmen.

Afrikanisches Wasserballett

Nebelige Höhlendurchgänge und herrlich verschlungene Seitenpfade machen den Spaziergang im Sambesi-Bereich des *Erlebnis-Zoo Hannover* zu einer einzigartigen Entdeckertour. In einem Seitenarm des Flusses warten zum Beispiel ein paar echte

„Hausbesuch" bei den Pelikanen

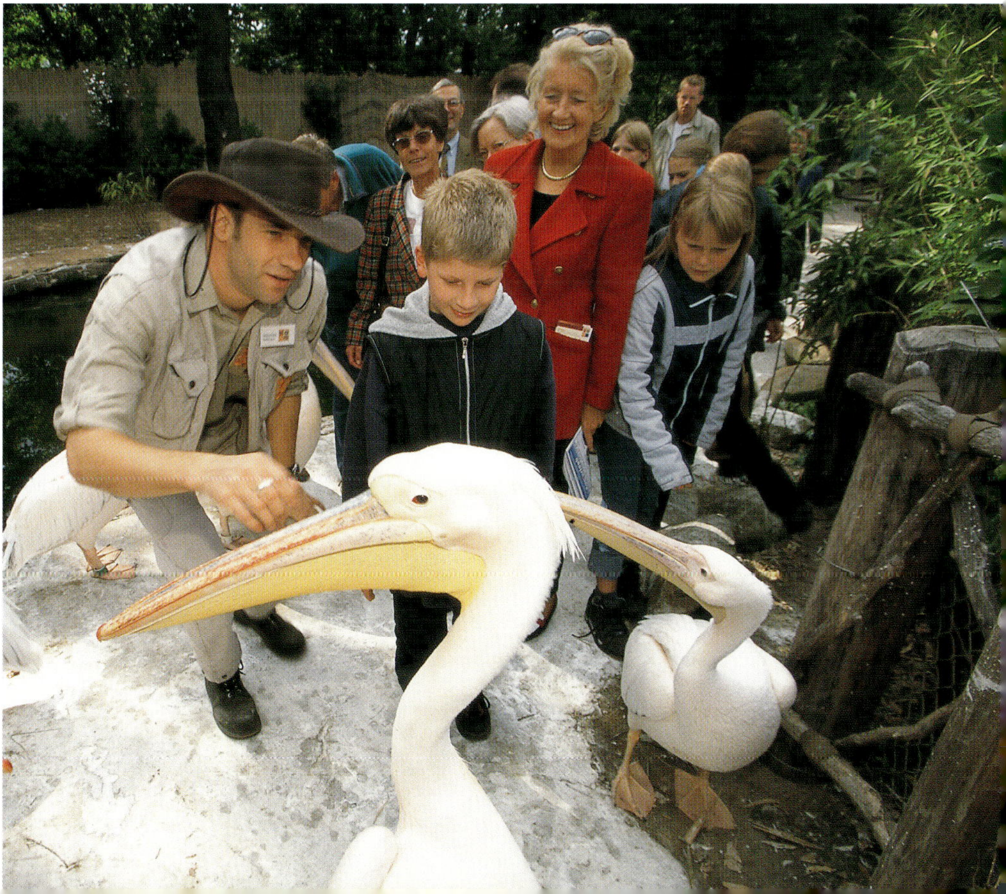

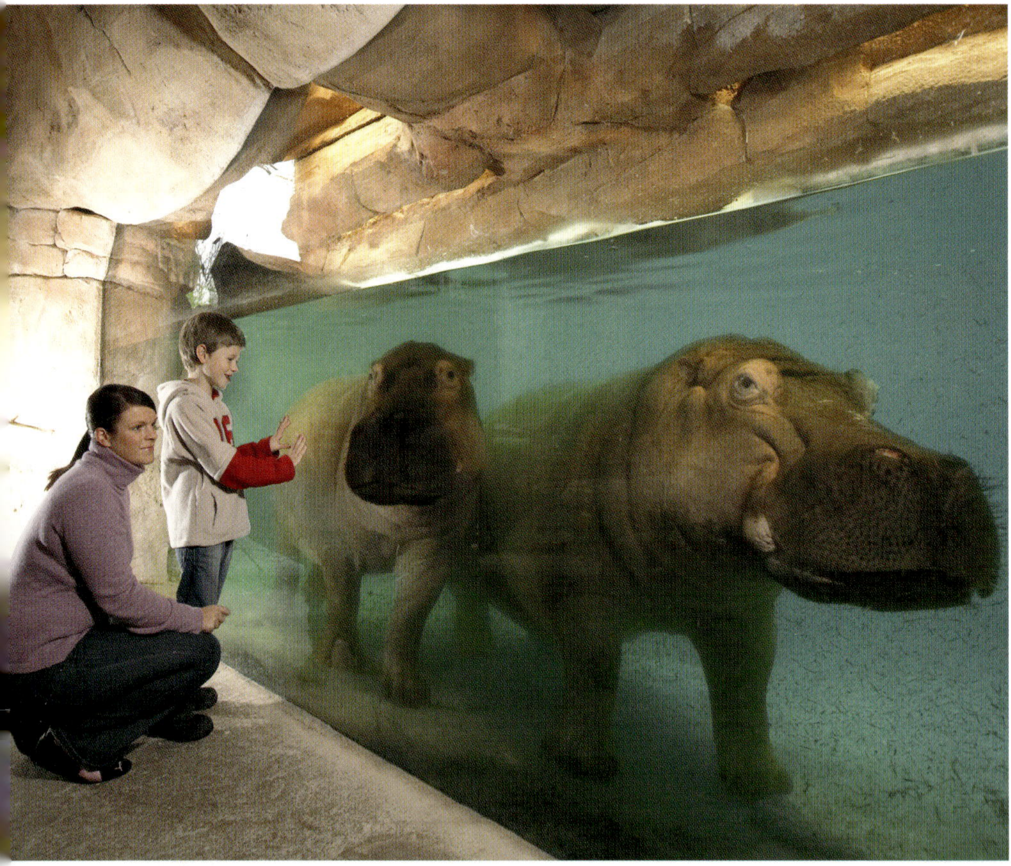

Auge in Auge mit Flusspferden

Schwergewichte auf die neugierigen Besucher. Die Flusspferddamen unternehmen ausgedehnte Verdauungsspaziergänge auf dem Flussgrund – bei einem Körpergewicht von etwa 1,5 Tonnen ist dieser Hang zum Wassersport sicherlich keine schlechte Wahl. Damit die Schwergewichte auch immer frisches Wasser zur Verfügung haben, werden dank modernster Technik 400 Kubikmeter Wasser pro Stunde gereinigt.

Im Sommer tummeln sich die „dicken Damen" im Sambesi beziehungsweise an dessen Ufer. Hier haben Sie dann von der Bootstour aus den besten Blick auf diese feschen Mädels. Im Winter präferieren die dickhäutigen Vegetarierinnen allerdings den Innendienst – wer könnte es ihnen verdenken. Aber keine Sorge, denn auch diese Tauchgänge können von den Besuchern aus nächster Nähe beobachtet werden. In einer eigens dafür erbauten Höhle, dem Hippo-Canyon, geben große Glasscheiben den Blick auf das lustige Treiben unter Wasser frei. Dieses Schauspiel finden Sie weltweit in nur sehr wenigen Zoos.

Die Löwen haben alles gut im Blick

Auf einer weitläufigen Steppe leben Zebras, Gazellen, Antilopen und Blauhalsstrauße friedlich miteinander. Giraffen, Blessböcke und Springböcke stolzieren harmonisch über die Savanne. Einen hervorragenden Ausblick auf dieses friedliche Idyll haben die Löwen, die in direkter Nachbarschaft ihr Quartier bezogen haben. Das war es aber auch schon: Der Zugang zu diesem paradiesischen Büffet bleibt ihnen natürlich verwehrt. Allerdings dürfte sie das große

Nur wenige Zentimeter entfernt und trotzdem völlig gefahrlos: Löwen hautnah beobachten

rote Felsplateau, der Löwen-Canyon, den sie alleine bewohnen, mehr als entschädigen.

Damit die Löwen aber nicht ganz aus der Jagdübung kommen, werden ab und an Wassermelonen in ihr Areal gebracht. Diese wurden nämlich eine Zeit lang in den Stallungen von Antilopen und anderen potentiellen Beutetieren gelagert und haben so deren Geruch angenommen. Die vegetarische Jagdsaison ist für die Löwen damit eröffnet – dieser einfache Trick funktioniert auch bei Tigern hervorragend. Die Löwen sind übrigens ganzjährig

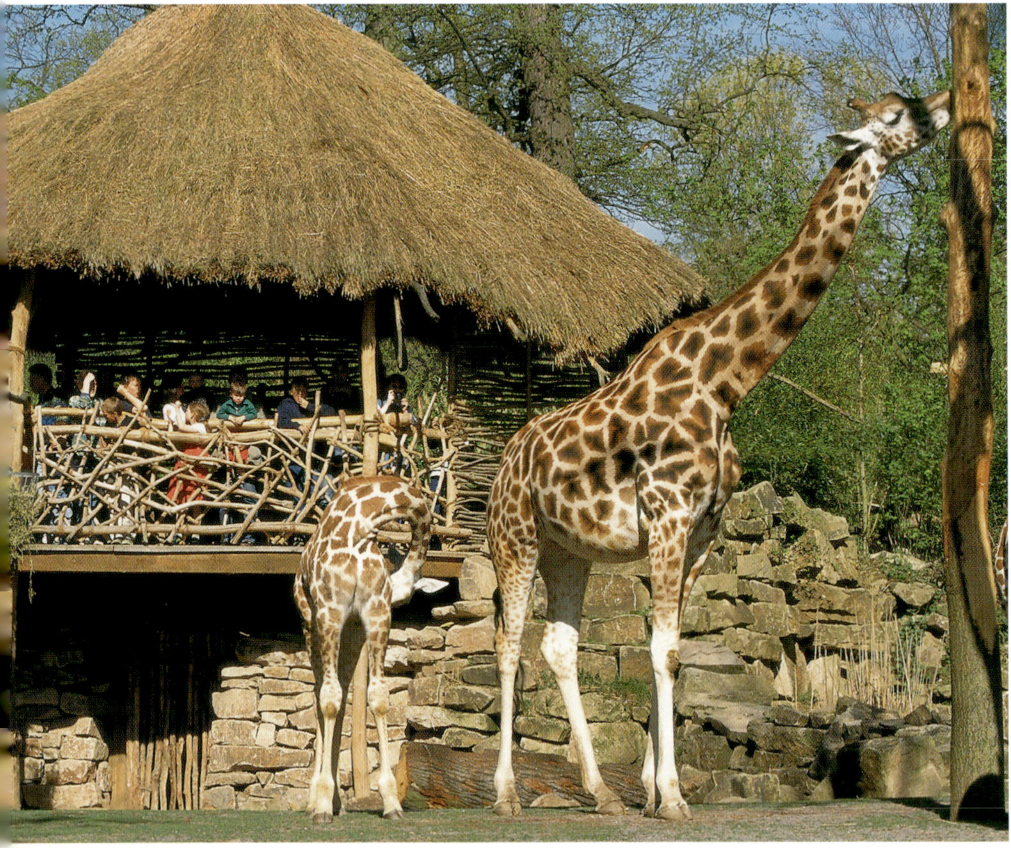

im Freigehege anzutreffen. In den Fels eingelassene Heizplatten machen den Aufent-
halt im Freien auch in den kühleren Monaten angenehm für die zweitgrößte Katzenart
der Welt. Egal ob Sommer oder Winter: Mit
etwas Glück liegen die Löwen direkt vor einer der großen Glasscheiben und lassen
sich das Fell von der Sonne oder dem „heißen Stein" wärmen.

So sind die Tiere nur wenige Zentimeter
von den Besuchern getrennt. Damit bietet
sich Ihnen eine gute Gelegenheit für Fotos
aus aller nächster Nähe.

Giraffen vor der Safari-Lodge

Große Tiere, kleine Besucher, verschlun-
gene Wege

Den besten Ausblick über die afrikanische
Savannenlandschaft haben nicht nur die
in direkter Nachbarschaft zu den Löwen
lebenden Giraffen. Ein Abstecher in die Safari-Lodge bringt die Besucher auf gleiche
Höhe mit den dunkel gefleckten Paarhu-
fern, wo sie ihnen direkt in die Augen sehen können. Vor der strohgedeckten Lodge
hängt übrigens an strategisch klug gewähl-

ter Stelle ein Futterkorb mit Luzerne, der von den Giraffen gerne angenommen und geplündert wird. Gehen Sie aber nicht zu nah heran! Die Zunge ist nicht nur bis zu 50 Zentimeter lang: Die Giraffe kann damit auch greifen! Kommen Sie also nicht auf die Idee, Futter aus dem Korb zu nehmen!

Wenn Sie Hunger auf ein besonderes Erlebnis haben sollten, buchen Sie die Safari-Lodge doch einmal im Sommer für ein romantisches Candlelight-Dinner zu Zweit. Genießen Sie ausgewählte kulinarische Spezialitäten bei einem malerischen Sonnenuntergang, während im Hintergrund ein Löwe brüllt. Unvergessliche Momente sind hier garantiert.

Natürlich kommen auch die kleinen Besucher am Sambesi voll auf ihre Kosten. Die Abenteuerpfade wecken den Entdeckergeist von jungen Zoo-Fans und laden zu aufregenden Exkursionen ein. Durch dicht bewachsene, verschlungene Wege, über

Detailverliebtheit unterstützt das Afrika-Feeling.

schwankende Hängebrücken und Baumstämme hinweg und durch Sandkuhlen hindurch: Die kleinen Abenteurer können ihrem Spieltrieb freien Lauf lassen. Die Pfade liegen etwas versteckt, gehen aber immer vom Hauptweg ab und enden auch wieder auf ihm. Damit können Eltern ihren kleinen Rackern unbesorgt Auslauf gewähren, aber dennoch immer in ihrer Nähe sein. ●

Spitzmaulnashorn

Natürliche Feinde: Keine

Das Spitzmaulnashorn trägt seinen Namen völig zu Recht: Es hat eine spitz zulaufende Oberlippe, die es als Greifwerkzeug benutzen kann. Mit dieser Greiflippe pflückt es Blätter und Zweige von dornigen Büschen, ohne sich dabei zu verletzen. Die Blätterkost zermalmt das Spitzmaulnashorn dann genüsslich zwischen seinen mächtigen Backenzähnen, die wie Mahlsteine alles zerkleinern.

Und auch das „Horn" im Namen ist überaus treffend: Gleich zwei Hörner – ein vorderes großes und ein etwas kleineres zweites – trägt das Nashorn direkt auf der Nase. Das Spitzmaulnashorn wird bis zu 1,60 Meter groß und verteilt dabei seine 1 500 Kilogramm Gewicht auf eine Körperlänge von bis zu 3,20 Meter.

Möchten Sie dem Tier einmal in seiner Heimat einen Besuch abstatten, wären die Buschsteppen im Süden und Osten Afrikas die richtige Adresse. Hier ist es oft an verschlammten Wasserstellen anzutreffen. Nashörner versuchen durch Schlammbäder stechende Insekten und Parasiten abzuspülen. Wenn der Schlamm anschließend auf der Haut trocknet, wirkt er auch noch wie

ein Schutzmantel, denn er hält ihnen die lästigen Plagegeister noch eine Zeit lang vom Leib.

Wahre Einzelgänger

Spitzmaulnashörner sind Einzelgänger. Nur zur Paarung treffen sich Bullen und Kühe für ein paar Tage. Das Ergebnis dieses Treffens ist dann etwa 450 Tage später zu begutachten. Ein Nashornbaby wiegt bei seiner Geburt 25 bis 30 Kilogramm – ohne Hörner. Die wachsen dem Nashorn nämlich erst im Lauf der Zeit.

Spitzmaulnashörner sind zwar lieber für sich allein, wirklich einsam sind sie aber nie. Die Madenhacker sind treue Weggefährten der schwergewichtigen Vegetarier. Diese kleinen Vögel befreien den Hornträger von den Parasiten, die er nicht durch die ausgiebigen Schlammbäder losgeworden ist. Auch Kuhreiher übernehmen ab und an diesen Job und werden von den Nashörnern ebenfalls gerne geduldet.

Das Spitzmaulnashorn verfügt über einen sehr guten Geruchssinn und ein exzellentes Gehör. Auf seine Augen hingegen kann es sich nicht verlassen: Das Tier ist extrem kurzsichtig. Auf eine Entfernung von 20 Metern kann es kaum noch etwas erkennen. Also greift es nach dem Motto „Angriff ist die beste Verteidigung" manchmal plötzlich und ohne Vorwarnung an. Obwohl man es dem Tier wegen seiner kurzen Beine gar nicht zutraut: Auf Kurzstrecken ist das Spitzmaulnashorn schneller als ein Mensch. Es erreicht eine Höchstgeschwindigkeit von 45 Kilometern pro Stunde.

Natürliche Feinde hat das Spitzmaulnashorn nicht und so war es früher in fast allen Teilen Afrikas verbreitet. Heute aber sind Spitzmaulnashörner vom Aussterben bedroht, da die Menschen ihren Lebensraum zerstören und Wilderer sie wegen ihrer Hörner jagen. In gemahlener Form gilt das Horn in manchen Kulturen dieser Welt als potenzsteigerndes Aphrodisiakum, zudem wird ihm wundersame Heilkraft zugeschrieben. Um für Wilderer die Jagd so unattraktiv wie möglich zu machen, sind Wildhüter selbst dazu übergegangen, den Tieren unter Betäubung die Hörner abzusägen. Schmerzhaft ist dieser Vorgang für die Tiere nicht, es ist vergleichbar dem Nagelschneiden beim Menschen. Die Hörner wachsen den Tieren übrigens wieder nach.

Der *Erlebnis-Zoo Hannover* beteiligt sich seit vielen Jahren aktiv am Europäischen Erhaltungszuchtprogramm (EEP). Hier werden bedrohte Tierarten im Zoo gezüchtet, um ihren Bestand langfristig zu sichern. Nach Möglichkeit sollen die Tiere wieder in geeigneten Lebensräumen angesiedelt werden – auch für die Spitzmaulnashörner gibt es ein solches Erhaltungsprogramm. ●

Eleganter Marathontänzer

Der Paradieskranich ist fast ausschließlich in Südafrika beheimatet. Seine bevorzugte Nahrung besteht aus Insekten, Fischen, Fröschen, Reptilien und pflanzlicher Kost.

Dieser blaugraue, etwa einen Meter große Kranich hat einen langen Hals und einen verhältnismäßig großen Kopf mit weißer Stirn und einem weißen Scheitel. Sein elegantes Aussehen verdankt er den schleppenartig verlängerten Armschwingen der Flügel, die bis zum Boden reichen.

In der Balzzeit und bei Aufregung zeigt der Paradieskranich sein zweites Gesicht. Dann stellt er die Federn seitlich am Kopf so auf, dass er wie eine Kobra aussieht. Außerdem sind die Paradieskraniche wahre Marathontänzer. Wenn sie balzen, kommen sie so richtig in Fahrt, und ihr Liebestanz kann dann bis zu vier Stunden dauern! Fängt erst einmal ein Paar mit dem Tanzen an, kann das schnell ansteckend wirken: Manchmal tanzen dann bis zu 60 Paare gleichzeitig. So sehr der Paradieskranich es auch gesellig mag: In der Brutzeit leben die

Paare einzeln und bebrüten 30 Tage lang abwechselnd die beiden dunklen, schön gesprenkelten Eier. Diese Arbeitsteilung ist unter Vögeln weit verbreitet. Etwa drei Monate nach dem Schlüpfen werden die kleinen Paradieskraniche flügge.
Dann schließen sich die Paradieskranich-Familien zu größeren Verbänden zusammen und lassen sich als große Gruppen von mehreren Dutzend Vögeln bei ihrem gemeinsamen Flug beobachten. ●

Marabu

Nicht schön, aber praktisch

Der Marabu kommt aus Afrika und gehört zur Familie der Störche. Er bevorzugt die heißen Savannenlandschaften als Lebensraum.

Der Vogel wird bis zu 1,50 Meter groß, und wenn er seine Flügel ausbreitet, kann deren Spannweite bis zu 3 Meter erreichen. Wirklich beeindruckend – ganz im Gegensatz zum Aussehen der Vögel.
Eine unauffällige Färbung des Gefieders, ein nackter Hals, auf dem Kopf fast keine Federn, ein riesig großer Schnabel sowie der seltsame Hautsack darunter – nach menschlichen Maßstäben würden die Marabus mit ihrem Aussehen garantiert keinen Schönheitswettbewerb gewinnen.

So gewöhnungsbedürftig Marabus auch aussehen mögen, umso schöner ist das Bild, das sich dem Betrachter bietet, sobald diese Vögel in ihrem natürlichen Element sind. Wenn sie mit ihren gewaltigen dunklen Schwingen durch die Lüfte segeln, sehen sie elegant und majestätisch aus. Sie nutzen dabei geschickt die thermischen Aufwinde aus und können so auch größere Gewässer problemlos überqueren.

Wahrlich keine Schönheit

In der Natur ist gutes Aussehen nicht alles. Die Marabus übernehmen eine sehr wichtige Funktion im ewigen Kreislauf des Lebens: Sie sind Aasfresser. Das steigert zwar nicht unbedingt ihren Sympathiewert, aber dadurch tragen sie dazu bei, die Ausbreitung von Krankheitserregern frühzeitig zu verhindern. Ihre Futtervorliebe erklärt auch, warum die Marabus keine Federn an Hals und Kopf haben. Mit ihrem kräftigen Schnabel hacken sie tote Tiere auf und tauchen mit ihren Köpfen tief in die Kadaver ein, um an Nahrung heranzukommen. Hätten Marabus Federn auf dem Kopf und am Hals, würden diese ständig verkleben und wären nur schwer zu reinigen.
Im Wettkampf mit anderen Aasfressern, wie dem Geier, zieht der Marabu allerdings den Kürzeren. Da er sich nicht gegen die Konkurrenz durchsetzen kann, muss er sich meist mit den Resten zufrieden geben. ●

Eine wahre Augenweide

Eine wahre Augenweide ist der Kronenkranich. Sein bunt gefärbtes Gefieder, die leuchtend gelbe Federkrone und die samtartigen schwarzen Federn, die er auf dem Kopf trägt, würden ihn eigentlich schon genug schmücken.

Dazu kommt aber noch sein dunkelgrauer Hals, an dem es ein unbefiedertes Hautstück gibt. Auch seine dunkelgrauen, langen Beine sowie die verlängerten Schwung und Deckfedern, die das Hinterende überragen, machen den Kronenkranich so unverwechselbar.
Und als ob das noch nicht genug wäre, hat er auch noch himmelblaue Augen.

In der freien Wildbahn ist er vor allem in Süd- und Südostafrika bis zum Äquator anzutreffen. Als bevorzugten Lebensraum hat er Baumsavannen auserkoren. Um in diesen höher gelegenen, trockenen Graslandschaften genügend Futter zu finden, stampfen die Kronenkraniche auf den Boden und scheuchen so die Insekten auf.

Wie alle Kraniche zeigen auch die Kronenkraniche ein außergewöhnliches Balzverhalten: Sie hüpfen so elegant, dass es fast wie ein Tanz aussicht. Um die Bindung zwischen dem Paar noch zu stärken, geben die Tiere dabei laute Rufe von sich – manche singen sogar im Duett. Kronenkraniche legen meist drei oder vier schneeweiße Eier, die im Laufe der vierwöchigen Brutzeit langsam grau werden. Beide Elternteile bebrüten die Eier und sind für die Aufzucht der Jungen zuständig. ●

39

Nimmersatt

Gesellschaft gesucht!

Der Nimmersatt gehört zur Familie der Störche und ist in Afrika zu Hause. Er bevorzugt die Nähe von flachen Binnengewässern, da er hier seiner Lieblingsnahrung am nächsten ist. Wasserinsekten, Fische, Amphibien und auch Reptilien stehen auf seinem Speiseplan.

Bei der Jagd nach Nahrung treten die Nimmersatte in Gruppen auf: Sie schreiten durchs Wasser, schlenkern mit den Füßen und breiten dann ruckartig ihre Flügel aus. Sollte das nicht ausreichen, um kleine Fische und Amphibien unruhig zu machen und aufzuscheuchen, kommt der Schnabel zum Einsatz. Mit dem stochern sie dann so lange im Schlamm herum, bis die potentielle Beute versucht zu fliehen. Keine kluge

Entscheidung, wie sich zeigt, da sie meistens im Schnabel des Nimmersatts landet.

Aber nicht nur bei der Jagd mag es diese Storchenart gesellig, auch beim Nisten legen die Nimmersatte Wert auf gute (und reichlich vorhandene) Nachbarschaft. Es kann durchaus vorkommen, dass sich die Nester von mehr als 20 Pärchen auf dem gleichen Baum befinden. Wenn die weißbedaunten kleinen Nimmersatte schlüpfen, gibt es viel Arbeit für das Elternpaar: Die Kleinen sind stets hungrig und krächzen ohne Unterlass nach Futter.
Ausgewachsene Nimmersatte quietschen oder grunzen. Während der Balz hingegen klappert er – ganz Storch – laut mit seinem Schnabel. ●

Schnell wie der Wind

Die in Afrika und Asien beheimateten Gazellen bevorzugen Grassteppen als Lebensraum. Auf jeden Fall ist offenes, übersichtliches Gelände gefragt, schließlich stehen die zierlichen Gazellen bei Leoparden, Geparden, Löwen, Wölfen, Hyänen und selbst bei Adlern ganz oben auf dem Speisezettel.

Die Gazelle gibt sich also größte Mühe, keine allzu leichte Beute zu sein. Dabei helfen ihr Augen, Ohren und Nase: Gazellen sehen und riechen ihre Feinde auf große Entfernung. Wenn zum Beispiel eine Herde Dorkasgazellen, die kleinste aller Gazellenarten, ausruht oder grast, werden immer einige Tiere als Wachen abgestellt. Diese „Leibwächter" stehen dann mit der Nase

in Windrichtung, damit sie einen sich nähernden Jäger umgehend bemerken.

Begabte Läufer

Sollte Gefahr drohen, kann sich die Gazelle schnell wie der Wind aus dem Staub machen. Die begabten Läufer bringen es auf eine Geschwindigkeit von bis zu 60 Stundenkilometern – da müssen meist selbst Geparden passen. Diese sprinten zwar bis zu 110 Stundenkilometer schnell, können das hohe Tempo aber nur über eine sehr kurze Distanz aufrechterhalten. Gazellen hingegen haben eine größere Ausdauer und damit eine reelle Chance gegen den Gepard.

Die meisten Säugetiere, auch der Mensch, bewegen sich im Kreuzgang fort. Wird das rechte Bein vorgesetzt, bewegt sich der linke Arm vorwärts und umgekehrt. Einige Tiere marschieren allerdings im Passgang. Sie bewegen also immer beide Beine einer Körperhälfte gleichzeitig, daher schaukeln sie beim Gehen ebenso wie ein Kamel. Die Gazelle kann beides. Sie geht langsam im Passgang, wechselt bei schnellerem Tempo in den Kreuzgang und baut auf der Flucht auch noch Prellsprünge mit ein – das heißt, sie springt dabei mit allen Vieren gleichzeitig in die Luft. ●

Zebra

Unverwechselbar wie ein Fingerabdruck

Jedes Zebra ist einzigartig, denn im Gegensatz zu den Zebrastreifen im Straßenverkehr hat jedes Tier seine ganz eigene Streifenzeichnung. Zebrafohlen erkennen ihre Mütter übrigens an den individuellen Streifen auf der Schulter.

Das auffällig gemusterte Fell hat aber noch zwei weitere, nicht zu unterschätzende Vorteile für die Tiere. Zebras sind bei Hyänen und Löwen als Beutetiere sehr beliebt. Die Streifenzeichnung bietet auf freien Flächen eine optimale Tarnung gegenüber diesen Raubtieren. Vor allem, wenn die Luft durch die Hitze flimmert, sind Zebras aus der Ferne nur noch sehr schlecht zu erkennen.

Manchmal macht es aber auch die Masse: Stehen viele Zebras in einer großen Gruppe zusammen, sind die einzelnen Tiere kaum für Räuber auszumachen. Die Streifen bieten aber nicht nur Schutz vor allzu großen, hungrigen Feinden, sondern auch vor ganz kleinen: Die Tsetsefliege, Überträgerin der Schlafkrankheit, kann gestreifte Tiere nicht so gut wahrnehmen wie einheitlich gefärbte. Die Facettenaugen der Stechfliegen haben Probleme bei der Erkennung der Zebras. Kein sicherer Landeplatz – kein Stich.

Zebras leben bevorzugt auf Grasländern in Familienherden, die bis zu 20 Mitglieder haben können. Diese Gruppen bestehen immer aus einem Hengst, mehreren Stuten sowie deren Fohlen. Der Nachwuchs erblickt übrigens nach einer Tragzeit von 375 Tagen das Licht der Welt. Nach der Geburt trennen sich die Mütter mit ihren Jungtieren von der Herde. Erst wenn die Kleinen gelernt haben, ihre Mutter anhand ihres Aussehens, des Geruchs und der Stimme zu erkennen, werden sie wieder zurück in die Gruppe geführt.

Jungs unter sich

Junggesellen schließen sich allerdings auch schon einmal zu Übergangsgruppen zusammen, bis sie eine eigene Herde gründen. Während dieser Wartezeit sind die Jungs die besten Kumpels, aber wehe, wenn sie in Streit geraten... dann geht es richtig rund! Die Kämpfer stellen sich auf die Hinterbeine und bekämpfen einander mit den Vorderhufen. Eine ganz besondere Kampftechnik haben die Böhm-Steppenzebras, die auch hier im Zoo zu sehen sind, entwickelt: das Kampfkreisen. Hierbei drehen sich die Kontrahenten umeinander

Unverwechselbar wie ein Fingerabdruck

und versuchen, den jeweils anderen in die Beine zu beißen. Von kleineren Streitereien mal abgesehen ist der Zusammenhalt ansonsten bewundernswert. Wenn die Zebras nachts ruhen, hält ein Tier immer Wache. Auch bei der Körperpflege sind sie auf Zusammenarbeit angewiesen: Sie beknabbern sich gegenseitig die Körperteile, die sie selbst nicht erreichen können. Dafür stehen sie parallel zueinander und kümmern sich um Rücken, Mähne und Hals des jeweils anderen. Und auch der Madenhacker hilft mit: Der Insektenvertilger pickt den Unpaarhufern lästige Parasiten aus dem Fell.

Zebras kommunizieren untereinander. Der Ruf dieser Tiere beginnt mit einem pfeifenden Einatmungslaut und klingt dann wie „kwaha, kwahaha". Wenn das Zebra so wiehert, fallen die anderen in der Herde mit ein. Dieses Wiehern ist ein Stimmfühlungslaut, den die Tiere besonders dann von sich geben, wenn sie den Anschluss an die Herde verloren haben. ●

Antilope

Impala, Springbock, Addax, Elenantilope, Kaama

An der Unterseite ihres Schwanzes haben Antilopen einen hellen Fleck – den sogenannten „Spiegel". Er ist ein Warnsignal für andere Mitglieder in der Herde. Wenn eine Antilope den „Spiegel" zeigt, bedeutet das für die anderen: Es droht Gefahr, und die Flucht wird vorbereitet!

Antilopenvielfalt

In Gefahrensituationen ist das Impala – die Schwarzfersenantilope – ein wahrer Sprungartist. In sehr hohen und weiten Sätzen zeigt es seinem Verfolger die dunklen Fersen, welche dieser Antilopenart den Namen gaben. Die schwarzen Haarbüschel über dem Fesselgelenk der Hinterläufe sind bei den Impalas ein absolut typisches Merkmal.

Auf Springböcke und Addax wäre hingegen jeder Metereologe neidisch: Dank einer eingebauten „Wetterstation" spüren diese Tiere, wo und wann in der Wüste Regen fällt. Sie machen sich dann umgehend auf den Weg, um das kühle Nass zu finden – und das, obwohl sie eigentlich auch wochenlang ohne Wasser auskommen könnten. Die größte

Impala, Springbock, Addax, Elenantilope, Kaama

Links oben: Addax
Links unten: Impalas
Oben: Elenantilopen

aller Antilopen ist die Elenantilope, die über 900 Kilogramm schwer werden kann. Männchen und Weibchen tragen Hörner, aber nur die Bullen haben gewaltige Muskeln an Nacken und Schultern sowie einen dichten Haarschopf zwischen den Hörnern.

Starke Bullen besetzen ein Territorium, das sie auf ungewöhnliche Weise markieren: Sie reiben ihren Haarschopf am Boden in ihrem Urin und im Schlamm und schmieren diese Substanz dann wie mit einer Bürste an Bäume und Felsen. Die Bullen können sich zeitweise in einen Zustand hoher Aggressivität versetzen, von den Einheimischen als Ukali

bezeichnet. So sollen andere Männchen eingeschüchtert werden.

Das Kaama gehört zur Gruppe der Kuhantilopen. Ein hellgraues bis rotbraunes Fell sowie eine unverwechselbare Schwarzzeichnung in der Mitte des langen Gesichts und der Beine zeichnen es aus. Das Kaama lebt, wie andere Antilopen auch, in großen Herden. Diese ziehen durch die trockenen Savannen auf der Suche nach Nahrung. ●

Strauß

Von wegen Kopf in den Sand...

Der Strauß gehört zu den Laufvögeln und ist der größte lebende Vogel der Erde. Seine beachtliche Größe von bis zu drei Metern und sein Gewicht von 150 Kilogramm sind in der Vogelwelt unerreicht. Er ist in Süd- und Ostafrika zu Hause, aber auch in anderen Regionen Afrikas vereinzelt anzutreffen.

Die riesigen Vögel haben die baumlosen Savannen zu ihrem bevorzugten Lebensraum auserkoren und sich vollkommen an das Leben in der Ebene angepasst. Mit ihren scharfen Augen erspähen sie Angreifer bereits von weitem. Sie warnen erst die anderen Tiere und rasen dann selbst mit einer Spitzengeschwindigkeit von bis zu 65 Stundenkilometern davon – da können selbst Löwen und Leoparden nicht mithalten.

Die Küken der Strauße sind natürlich noch nicht so schnell – sie müssen daher zu einer anderen Taktik greifen, wenn sie von ei-

nem Angreifer verfolgt werden. Der Nachwuchs lässt sich einfach zu Boden fallen und bleibt unbeweglich liegen. Während der Verfolger noch verwirrt nach der Beute sucht, ist auch meistens schon der Papa zur Stelle und lenkt den Feind mit einem einfachen Trick ab. Er läuft im Zickzackkurs und lässt einen Flügel hängen, als ob er gebrochen wäre, was dem Jäger leichte Beute signalisiert. In der Zwischenzeit wird das Küken von der Mutter in Sicherheit gebracht – echtes Teamwork eben.

Wahrlich kein Weichei

Sollte der Strauß aber mal in echte Bedrängnis geraten, steckt der Vogel keineswegs den Kopf in den Sand. Er weiß sich durchaus zu wehren. An der inneren der beiden Zehen hat er eine lange Kralle. Im Kampf springt er bis zu anderthalb Meter in die Luft und zückt dann seine Waffe, mit der er auch einen Löwen außer Gefecht setzen kann. ●

Natürliche Schädlingsbekämpfer

Ursprünglich war der Kuhreiher hauptsächlich in Afrika und Südasien zu Hause, mittlerweile ist er aber weltweit verbreitet.

Für die Kuhreiher gestaltet sich die Futtersuche relativ einfach: Er schreitet einfach neben kräftigen Huftieren, die durch ihre schweren Schritte Insekten aufscheuchen. Hier bietet sich dem Kuhreiher dann ein reichhaltiges Büffet, an dem er sich stärken kann. Allerdings verdingt er sich auch gerne als Reinigungskraft bei Weidetieren. Kuhreiher reiten oft auf Büffeln oder Flusspferden und befreien deren Haut von Parasiten. Die pickt der Kuhreiher mit seinem kurzen, spitzen Schnabel auf und frisst sie. Mit diesem Arrangement sind beide glücklich: Das große Tier ist seine lästigen Untermieter los und der Kuhreiher satt.

Inzwischen haben die Vögel aber auch die Nutz- und Haustiere des Menschen als potentielle Nahrungsspender entdeckt, was wiederum deren Halter von den Qualitäten des Reihers in der Ungezieferbekämpfung überzeugt hat. Mittlerweile werden die etwa 50 Zentimeter großen Tiere gezielt gehalten, um Schädlingen zu Leibe zu rücken.

Normalerweise haben die Kuhreiher ein ganz weißes Federkleid. Nur während der Balzzeit werfen sie sich so richtig in Schale. Am Hinterkopf, dem Rücken und auf der Bauchseite tragen sie dann gelb gefärbte Schmuckfedern.

Partnerschaftliche Aufzucht

Für den Nestbau sind bei den Kuhreihern übrigens beide Partner zuständig. Das Männchen beschafft das Baumaterial, aus dem das Weibchen dann das Nest baut. Auch die etwa 21-tägige Brutzeit und die Aufzucht der Jungen teilen sich die beiden Reiher partnerschaftlich. ●

Flamingo

Rosafarbene Langbeine

Flamingos sind in Mittel- und Südamerika, Südeuropa, Afrika sowie Asien zu Hause und leben dort in großen Gruppen am Ufer von Flachwasser-Seen.

Respektable 19 Halswirbel verhelfen dem Flamingo zu seinem langen und beweglichen Hals (zum Vergleich: Wir Menschen bringen es gerade mal auf sieben Halswirbel). Den langen Hals braucht er nicht nur zur Pflege seines Gefieders, sondern auch zur Nahrungssuche im Wasser. Er filtert mit seinem in der Vogelwelt einzigartigen Schnabel Kleinstlebewesen, Algen und Krebse aus dem Wasser. Dabei setzt er seinen Schnabel wie eine Schöpfkelle ein und zieht seine Zunge zurück. Nun kann das Wasser in den Schnabel strömen. Anschließend gleitet die Zunge nach vorn, das Wasser wird heraus gepresst und die winzigen Lebewesen bleiben im Schnabel-Filter zurück. Wenn der Flamingo einmal zu wenig Nahrung findet, trampelt er mit den Füßen, um den Bodenschlamm aufzuwirbeln und Kleinstlebewesen an die Oberfläche zu bringen.

Mal rot, mal weiß

Bei jungen Flamingos ist der Schnabel noch nicht so weit entwickelt, dass sie bereits das Wasser nach Nahrung filtern könnten: Sie werden in ihren ersten zwei Lebensmonaten mit einer Art Milch gefüttert, die von der Mutter in Drüsen entlang der Speiseröhre erzeugt wird.

Die Jungtiere haben übrigens ein graues Gefieder. Erst wenn sie durchgefiedert sind, färben auch sie sich langsam rosa. Dafür sorgt bei ausgewachsenen Flamingos nämlich die Nahrung: Krebse und Algen enthalten Karotin. Beim Flamingo setzt sich der Farbstoff im Gefieder ab und färbt die Federn rosa. Nimmt das Tier nicht genügend karotinhaltige Nahrung zu sich, wird sein Gefieder wieder weiß.

Rosafarbene Langbeine

Kreativer Nestbau

Apropos Jungtier: Wollen Flamingos brüten, suchen sie sich zum Nestbau nicht einfach Stroh und Gräser zusammen wie andere Vogelarten. Sie brüten immer in Wassernähe und bauen daher mit ihrem Schnabel hochwassersichere Lehmerhebungen, die wie Mini-Vulkane aussehen. In die Kuppe dieser Lehmberge wird dann eine Mulde gedrückt, in die das Ei gelegt wird. So kann selbst eine Überschwemmung dem kostbaren Nachwuchs nichts anhaben.

Ebenso typisch wie der Schnabel und die Farbe seines Gefieders ist die Haltung des Flamingos: nur auf einem Bein stehend. Was für uns Menschen furchtbar unbequem aussieht, ist für das Tier mit keinerlei Anstrengung verbunden. Möglich macht dies ein besonderes Gelenk, das über eine Sperrvorrichtung verfügt: Wird das Bein gestreckt, schnappt das Gelenk ein wie ein Taschenmesser, wodurch das Bein auch ohne Muskelkraft gestreckt bleibt. ●

Der etwas andere Fischfänger

Pelikane sind Wasservögel, die auf allen Kontinenten zu Hause sind und in großen Kolonien an Flüssen, Seen und am Meer leben.

Allen Pelikanarten gemein ist der große Schnabel sowie der darunter hängende Kehlsack. In diesem kann der Rosapelikan elf Liter Wasser auf einmal aufnehmen – in der Hoffnung, dass sich dann in seinem eingebauten Kescher ein Fisch befindet. Das Wasser drückt der Pelikan einfach wieder aus dem Schnabel und der Fisch wird in einem Stück herunter geschluckt.

Wenn Pelikane brüten, machen sie dies bevorzugt in großen Kolonien. Wer zwischen so vielen Artgenossen seinen Nachwuchs aufziehen will, sollte eigentlich mit Trubel zurechtkommen. Aber tatsächlich muss es für Pelikane beim Brüten absolut ruhig sein, auf Störungen reagieren sie sehr empfindlich. Es kommt sogar gelegentlich vor, dass sie ihre Eier verlassen, statt sie auszubrüten.

Jagdausflug

Pelikane brüten nicht nur gemeinsam, sie gehen auch zusammen auf die Jagd. Dabei bilden sie eine Kette und treiben die Fische anschließend mit Flügelschlägen ins flache Wasser. Dann brauchen sie nur noch den großen Schnabel aufzumachen und einen kräftigen Schluck zu nehmen: Fische gehen ihnen immer in den Schnabel.
Der Braune Pelikan hingegen taucht nach Fischen, indem er sich aus großer Höhe ins Meer stürzt. Und damit wäre auch schon die nächste Frage geklärt: Pelikane können geschickt und ausdauernd fliegen – nur der Start gestaltet sich oft etwas schwierig. Sie müssen Anlauf nehmen, um ihren bis zu 15 Kilogramm schweren Körper überhaupt in die Luft zu bekommen. ●

Possierliche Grubenarchitekten

Erdmännchen, auch als Surikaten bekannt, gehören zur Familie der Mangusten und sind in Namibia, Botswana sowie Südafrika zu Hause. Die possierlichen Tiere bevorzugen ein Leben in der Savanne, sind aber auch in Halbwüsten anzutreffen. Erdmännchen mögen es sehr gerne gesellig, daher schließen sie sich zu Wohngemeinschaften zusammen. Meist bewohnen 30 Tiere einen gemeinsamen Bau, der in einen harten, manchmal sogar steinigen Untergrund gegraben wird.

Ohren zu und buddeln...

Eigentlich können diese kleinen Männchen dank ihrer langen Krallen selbst sehr gut graben und sogar ihre Ohren verschließen, damit beim Buddeln keine Erde hinein gelangt. Trotzdem überlassen sie die harte Arbeit oft lieber Erdhörnchen, deren Bau sie entweder zusammen mit ihnen bewohnen oder einfach komplett übernehmen und im Laufe der Zeit nur erweitern.

Perfekte Arbeitsteilung

Arbeitsteilung wird bei den Erdmännchen groß geschrieben: Während die einen entweder nach Nahrung suchen, den Bau erweitern oder einfach nur genießerisch in der Sonne liegen, bewachen andere den Bau. Dabei stehen sie wachsam auf den Hinterfüßen, wobei ihnen die Schwanzspitze als Stütze dient. Sie strecken sich bis auf die Zehenspitzen, um die gesamte Umgebung im Blick zu haben. Die Aufgabenverteilung wechselt übrigens mehrmals täglich.

Erdmännchen kann es gar nicht warm genug sein. Daher nehmen sie ausgiebige Sonnenbäder am Tag und kuscheln sich in der Nacht ganz eng aneinander, damit möglichst wenig Wärme verloren geht. ●

Flusspferd

Gemütlicher Pflanzenfresser

Die pflanzenfressenden Säugetiere, die trotz des Namens mit dem Schwein und nicht mit dem Pferd verwandt sind, findet man heute ausschließlich südlich der Sahara in langsam fließenden Gewässern mit Sandstränden.

Tagsüber dösen die 1,5 bis 3 Tonnen schweren Tiere am liebsten die ganze Zeit im Wasser oder suhlen sich im Schlamm. Erst in der Nacht bewegen sie sich an Land und machen sich dann auf Futtersuche. Dabei vertilgen sie bis zu 40 Kilogramm Gräser und Früchte. Da so eine Menge nicht an einer Stelle wächst – und Flusspferde in Gruppen von bis zu 20 Tieren leben – wandern die schwergewichtigen Vegetarier manchmal fünf oder auch mehr Kilometer in einer einzigen Nacht, um ausreichend zu fressen.

Gern im Wasser, aber schlechte Schwimmer

Flusspferde sind sehr gut an ein Leben im Wasser angepasst: Wenn sie im kühlen Nass dösen, schauen nur Augen, Ohren und Nase heraus, die praktischerweise auf einer Höhe liegen. So können die Flusspferde, obwohl weitestgehend untergetaucht, ihre Umgebung mit allen Sinnen wahrnehmen. Ihre Nasenlöcher und Ohren können Flusspferde verschließen, damit beim Tauchen kein Wasser eindringt. Drei Minuten bleiben sie bequem am Stück unter Wasser.

Maximal kann ein Flusspferd übrigens 15 Minuten lang die Luft anhalten, dann muss es dringend wieder auftauchen! Flusspferde sind schlechte Schwimmer. Meist lassen sie sich einfach im Wasser treiben oder laufen auf dem Grund eines Gewässers entlang. An Land geraten die Schwergewichte sehr leicht ins „Schwitzen" und sondern in der Sonne einen rostbraunen Schleim ab, der die Haut dann wie eine Sonnencreme schützt. Wenn sich die Tiere zu lange ungeschützt in der Sonne aufhalten, bekommen sie, genau wie wir Menschen, einen Sonnenbrand.

Besonders auffallend sind die mächtigen, dolchartigen Eckzähne der Flusspferde, die bis zu 50 Zentimeter lang werden können. Die Zähne wachsen ständig nach und werden durch die Gegenzähne wieder geschliffen. Die unteren Schneidezähne schauen nach vorn aus dem Mund heraus, sie ähneln spitzen Stangen. Beim Abgrasen des Mahls funktionieren die Zähne fast wie eine

Gemütlicher Pflanzenfresser

Harke. Die mächtigen Zähne sind nicht nur die gefährlichsten Waffen der Flusspferde, Flusspferdzahn wurde häufig auch als Elfenbeinersatz gehandelt – so wurden die Schwergewichte das Ziel von Wilderern. Flusspferde leben in Herden, die normalerweise aus einem Bullen und mehreren Weibchen sowie deren Jungen bestehen. Allerdings sind die Damen sehr wählerisch: So hat ein Bulle nur eine Chance, wenn er einen Wohnraum von guter Qualität vorweisen kann. Flusspferddamen bevorzugen flache Gewässer mit guten Ausstiegsmöglichkeiten, um bequem an Land gehen zu können. Gute Weideflächen in der Nähe seines Territoriums erhöhen die Chancen des Bullen bei den Damen.

Die Paarung der Flusspferde findet im Wasser statt. Etwa acht Monate später bringen die Flusspferdweibchen im flachen Wasser ein Junges zur Welt. Junge Flusspferde können schon nach wenigen Minuten richtig gehen und auch unter Wasser gesäugt werden.

In den ersten Tagen nach der Geburt vertreibt die Mutter alle anderen Flusspferde aus ihrer Nähe, damit das Junge sich auf sie prägen kann. Danach schließt sie sich wieder der Gruppe an. Gesäugt wird ein Flusspferdbaby unter Wasser. Es muss also tauchen, um zu trinken. Erst nach einem Jahr ernährt es sich wie seine Mutter ausschließlich von Pflanzen. ●

Bootsfahrt

Lehrreiches Abenteuer

Inmitten der Afrikalandschaft Sambesi liegt ein bunter Dorfplatz. Dort finden Sie nicht nur eine Handelsstation (bitte beachten Sie, dass die Zooleitung bedauerlicherweise nur Tauschgeschäfte in der Form „Ware gegen Euro" genehmigt hat), sondern auch das Café Kifaru. So sehr der Zoo auch Wert auf Authentizität legt: Hier brauchen Sie Ihr Mittagessen nicht selbst zu jagen und zu erlegen, sondern bekommen von den freundlichen Mitarbeitern zum Beispiel den leckeren Mama Wambules Best Giant Burger zubereitet.

Wenn Sie nun ausreichend gestärkt sind, können Sie zu einem weiteren großen Abenteuer aufbrechen. Besteigen Sie eines der 18 Handelsboote der Smith & Johnson Company. Jedes dieser Boote ist ein Einzelstück, das in Handarbeit exklusiv für den

Erlebnis-Zoo Hannover gefertigt und liebevoll mit vielen afrikanischen Details ausgestattet wurde.

Beware of Crocodiles

Bevor das Boot ablegt, gibt es eine letzte Warnung an die Passagiere: „Beware of crocodiles" steht auf dem Hinweisschild – „Vorsicht vor den Krokodilen"! Die Hände sollten Sie also lieber nicht ins Wasser halten (zwar ist noch nie ein Krokodil gesichtet worden, aber sicher ist sicher...). Während der zwölfminütigen Fahrt haben Sie einen ungestörten Blick auf das bunte Tierleben am Ufer des Sambesi. Ob Nashörner, die sich im Uferschlamm suhlen, Giraffen, die es sich am Flussufer gut gehen lassen, oder Dorkas-Gazellen, die in der Nähe äsen – alle Tiere

Lehrreiches Abenteuer

sind zum Greifen nah. Auch Marabus, Zebras, Antilopen, Somali-Esel mit lustig gestreiften Beinen und ein rosaroter Schwarm Flamingos lassen sich während der Bootsfahrt entdecken.

Was ist denn das da vorne? Könnten das etwa...? Tatsächlich: Plötzlich sind sie da. Knapp über der Wasserlinie tauchen Augen auf, gefolgt von einer großen Schnauze. Die Flusspferddamen sind auf einer Außenmission unterwegs und geben sich die Ehre. An dieser Biegung des Flusses rutschen die

meisten Passagiere in den Sambesi-Booten ein Stück zur Seite, während sie lautlos ganz nah an den Schwergewichten vorbeigleiten.

Aber nur keine Angst: So nahe können die Flusspferde Ihnen nicht kommen.
Die erforderlichen Grenzen zwischen Tier und Mensch sind natürlich vorhanden, fügen sich aber als Geröllstreifen oder Baumstamm getarnt so harmonisch in die Landschaft ein, dass sie nahezu unsichtbar sind. Bleiben Sie also entspannt sitzen und genießen Sie die unvergessliche Fahrt. ●

Addax

Bedrohte Antilopenart

Addax- oder auch Mendesantilopen leben in den Wüsten und trockenen Steppen Nordafrikas. Die Tiere können bis zu 1,15 Meter groß werden und dabei ein Gewicht von bis zu 150 Kilogramm erreichen. Sie tragen gewundene Hörner, die bis zu 90 Zentimeter lang sind. Anhand der Hörner lassen sich auch die Geschlechter unterscheiden: Männchen bringen es auf 2,5 bis 3 ganze Windungen, Weibchen hingegen tragen nur 1,5 bis 2 Windungen auf dem Kopf.

Die Addax leben in Gruppen von bis zu 20 Tieren und legen für die Nahrungssuche sehr weite Strecken zurück. Da die Antilopen keine Territorien verteidigen, schließen sich auch manchmal mehrere Gruppen für den Marsch zusammen.
Addax sind an das Leben in der Wüste bestens angepasst. Sie haben spreizbare, sehr breite Hufe, mit denen sie nicht im weichen Sand einsinken können.
Durch ihr gelb-braunes bis gelblich-weißes Fell sind sie perfekt der Farbe des Wüstensandes angepasst. Tagsüber suchen die Addax schattige Plätze auf und ruhen. Wenn es in der Wüste nachts kalt wird, scharren sie mit ihren Hufen Mulden in den Sand

und pressen sich zum Schutz gegen den Wind an den Boden. Selbst Wasser müssen diese perfekten Wüstenbewohner nicht trinken, um zu überleben. Ihnen genügt die in Wüstengräsern und Akazienblättern vorhandene Flüssigkeit.

Trotzdem haben Addax-Antilopen eine eingebaute „Wetterstation", die ihnen sagt, wann und wo in der Wüste Regen fällt. Obwohl die Tiere Wochen und sogar Monate ohne Wasser auskommen können, brechen sie dann schnellstens auf, um zu trinken und um das frische Grün zu fressen, das für kurze Zeit aus dem Wüstenboden wächst.

Parkscout-Tipp

Mehr über den Artenschutz im Erlebnis-Zoo Hannover finden Sie ab Seite 155 in diesem Buch, aber auch unter www.zoo-hannover.de.

Sie möchten Ihr Wissen vertiefen? Informationen über das Europäische Erhaltungszuchtprogramm und einzelne Aktionen zur Rettung bedrohter Tierarten finden Sie auf der Website der „European Association of Zoos and Aquaria" unter www.eaza.net.

Bedrohte Antilopenart

Durch den Menschen bedroht

So perfekt diese Antilopen auch dem Leben in der Wüste angepasst sind und den widrigen Bedingungen seit mehr als einer Million Jahre trotzen – der Bedrohung durch den Menschen hatten sie nicht viel entgegen zu setzen: Anfang des letzten Jahrhunderts war das Fleisch der Addax-Antilope ein begehrtes Gut auf den Märkten der großen nordafrikanischen Städte.

In weniger als einem Jahrhundert hat der Mensch es geschafft, diese Art fast auszurotten: Die Zahl der Tiere ist in den letzten 20 Jahren um über 90 Prozent gesunken. Heute leben nur noch wenige Tiere in der Sahara, die Art gilt als unmittelbar vom Aussterben bedroht.

Zoos in aller Welt versuchen daher seit den 60er Jahren, die Addax zu erhalten. Der *Erlebnis-Zoo Hannover* leitet das Wiederauswilderungsprojekt für die seltene Antilopenart. Über 100 zoogeborene Addax wurden im Rahmen dieses Projektes bereits wieder in zwei Nationalparks in Marokko und Tunesien angesiedelt. Viele dieser Tiere stammen aus dem Zoo in Hannover. ●

Der Hausesel-Vorfahr

Die Wildesel gelten als Vorfahren unserer heutigen Hausesel, die bereits seit über 6000 Jahren gezüchtet werden. Der Somali-Wildesel war früher in Somali, Äthiopien und Eritrea zu finden. Heute steht er kurz vor dem Aussterben: Die Schätzungen der Bestände in freier Wildbahn bewegen sich im zwei- bis dreistelligen Bereich. In ganz Europa leben nur noch 131 Somali-Wildesel in 20 Zoos.

Der Somali-Wildesel fällt vor allem durch seine Beine auf. Sie sind gestreift wie bei einem Zebra. Kurz über dem Knie enden die Streifen und die Fellfarbe wechselt zu grau-braun. Die Eselmähne ist sehr kurz: Die Haare stehen fast senkrecht vom Hals ab. Über den Rücken läuft der sogenannte „Aalstrich", ein langer, dunkler Strich, der typisch für Wildesel und Wildpferde ist.

Die Somali-Wildesel leben in trockenen und steinigen Felswüsten. Sie sind sehr gute Kletterer und haben sich perfekt dem Wüstenklima angepasst: Ein kleiner Schluck Wasser am Tag genügt den Eseln vollkommen, wobei sie auch einige Tage ganz ohne auskommen können. Ihre Nahrung besteht aus Dornbüschen und Gräsern.

Wildesel leben nicht in festen, gemeinsam umherstreifenden Familienverbänden. Man trifft sich, bleibt eine Zeit lang als Gruppe zusammen, und trennt sich anschließend wieder. Für die Zusammensetzung der Gruppen gibt es allerdings strikte Regeln: In der ersten befinden sich nur Hengste, in der zweiten nur Stuten und in der dritten Gruppe Stuten mit ihren Fohlen.

Die stärksten Wildeselhengste besetzen und verteidigen bis zu zehn Quadratkilometer große Territorien, durch die dann die Stuten mit ihren Fohlen ziehen. Andere Hengste werden durchaus geduldet, solange sie sich nicht den Stuten nähern. ●

Giraffe

Riesige Schönheiten

Die Giraffe ist das höchste Landtier der Welt und wird bis zu sechs Meter groß, wovon alleine bis zu zwei Meter auf den Hals entfallen. Trotzdem hat die Giraffe genauso wie der Mensch nur sieben Halswirbel, welche bei ihr allerdings stark verlängert sind.

Der lange Hals stellt aber auch besondere Anforderungen an das Kreislaufsystem des Tieres, schließlich muss das Gehirn mit genügend Blut versorgt werden. Das Herz der Giraffe wiegt elf Kilogramm, befördert bis zu 60 Liter Blut pro Minute durch den Körper und sorgt für einen Blutdruck, der dreimal höher als der des Menschen ist.

Ein Riese mit griffiger Zunge

Ein Giraffengesicht hat stets einen etwas starren Ausdruck, da die Gesichtsmuskeln nur sehr schwach entwickelt sind – ebenso wie die Kaumuskeln, da das Tier zum Abfressen der Blätter und Gräser nur wenig Kraft braucht. Kommt die Giraffe nicht direkt mit dem Maul an das Grün, nimmt sie ihre bis zu 50 Zentimeter lange Zunge zur Hilfe. Eine besondere Vorliebe haben Giraffen übrigens für Akazienblätter.

Das Tier greift einen Zweig mit seiner Zunge, zieht diesen in sein Maul und weidet durch Zurückziehen des Kopfes die Blätter ab. Zunge und Lippen nehmen trotz der dornigen Äste aufgrund ihrer besonderen Beschaffenheit dabei keinen Schaden. Die meisten Säugetiere, auch der Mensch,

Riesige Schönheiten

bewegen sich im Kreuzgang fort: Dabei wird beim Vorsetzen des rechten Beines der linke Arm bewegt und umgekehrt. Giraffen dagegen marschieren im Passgang: Sie bewegen also immer beide Beine einer Körperhälfte gleichzeitig, daher schaukeln sie beim Gehen ebenso wie beispielsweise ein Kamel.

Schlaf ist für die Giraffe nur ein kurzes Vergnügen, gehört sie doch zu den Kurzschläfern. Da sie ständig auf der Hut vor ihren Feinden sein muss, dauert ihre Tiefschlafphase nur wenige Minuten, die sie liegend, den Kopf bequem auf dem Rücken abgelegt, verbringt.

Die Tragzeit bei den Giraffen dauert 14 bis 15 Monate. Da das Muttertier bei der Geburt steht, fällt das Neugeborene aus zwei Meter Höhe auf die Welt! Giraffenbabys sind bereits bei der Geburt 1,90 Meter groß und wiegen fast 100 Kilogramm. Die für eine Giraffe so typischen Hörnchen sind bei den Neugeborenen ganz weich, um die Mutter bei der Geburt nicht zu verletzen. Erst nach einigen Tagen richten sich die Hörnchen auf und werden starr. Pro Monat wachsen die kleinen Giraffen etwa acht Zentimeter. 15 Monate trinken sie bei ihren Müttern, um dank der kräftigen Milch ordentlich in die Höhe schießen zu können.

Die kurzen Hörner auf dem Kopf sind abgerundete, hautüberzogene Knochenzapfen, die zeitlebens nicht gewechselt werden. Die Anzahl ist unterschiedlich: Giraffen können zwei bis fünf dieser Hörner ausbilden. ●

Löwe

Der König der Tiere

Die in Afrika und Asien beheimatete Katze hat mit ihrer kleinen, domestizierten Schwester mehr gemein, als man auf den ersten Blick meinen mag. Auch die Großkatze besitzt im Gesicht Tastborsten und verlässt sich eher auf ihre Ohren und Augen als auf ihre Nase – und das zu Recht. Der Löwe sieht so gut, dass er eine Antilope auf eine Entfernung von über einem Kilometer entdeckt. Außerdem kann er, durch die Überschneidung der Sehfelder seiner beiden Augen, Entfernungen sehr gut einschätzen.

Auch Löwen sind nur Katzen

Auch die Löwenzunge ist der einer Hauskatze sehr ähnlich – nur um einiges größer. Sie ist genauso rau, was ihm bei der täglichen Pflege hilft. Insekten, Parasiten sowie ausgefallene Haare entfernt er damit aus seinem Fell.

Der Löwe lebt, im Gegensatz zu den anderen eher einzelgängerischen Großkatzen, im Rudel. Es kann eine Größe von 3 bis 30 Tieren haben und besteht vor allem aus miteinander verwandten Weibchen.
Das Löwenmännchen schließt sich immer

nur temporär einem Rudel an und sorgt für Nachwuchs. Es bleibt nur so lange, bis es durch ein anderes, kräftigeres Männchen vertrieben wird.

Nach etwa 100 Tagen Tragzeit bringt eine Löwin zwischen zwei bis vier Junge zur Welt. Löwenbabys dürfen nicht nur bei ihrer Mutter Milch trinken, sondern sich auch bei anderen Damen der Truppe bedienen, die zur gleichen Zeit Nachwuchs haben – Löwinnen ziehen ihren Nachwuchs immer gemeinsam groß.

Löwen jagen bevorzugt in der kühlen Nacht. Dank einer besonderen Schicht hinter der Netzhaut – dem Tapetum – können Löwen nachts sehr gut sehen. Das Tapetum verstärkt das einfallende Licht. Deshalb sehen Katzen – und das ist ein Löwe nun einmal auch – wesentlich mehr in der Dunkelheit als ein Mensch. Auf dem Speiseplan der Löwen stehen übrigens Huftiere, was auch junge Giraffen mit einschließt. Sie versuchen ihr Glück auch schon mal bei jungen Flusspferden, Nashörnern und Elefanten.

Weibliche Jäger

Die männlichen Löwen mit voll ausgebildeter Mähne sind für die Beutetiere zu gut sichtbar, daher sind die Damen für die Nahrungsbeschaffung zuständig. Oft gehen sie in Rudeln auf Jagd.

Ein großes Beutetier wird bei diesen gemeinsamen Jagdzügen aus verschiedenen Richtungen angegriffen, zu Boden gezwungen und mit einem gezielten Kehlbiss getötet. Übrigens: Dass die Löwinnen das Futter nach Hause bringen, bedeutet nicht, dass sie sich auch als erste daran bedienen dürfen. Zuerst sind die starken Männchen dran, im Anschluss dürfen die Weibchen speisen und für die Jungtiere bleiben dann nur die Reste übrig – wenn überhaupt: Ein ausgewachsener Löwe kann bis zu 40 Kilogramm Fleisch fressen! ●

Verlockendes Afrika

Willkommen in der Wildnis! Im Café Kifaru, direkt am Ufer des Sambesi gelegen, erleben Sie afrikanische Romantik und können zwischen vielen leckeren Köstlichkeiten wählen!

Hier fühlen Sie sich wie auf Safari – mitten im afrikanischen Dorf sitzen Sie unter raschelnden Strohdächern an derben Holztischen und blicken auf die wilden Tiere. Doch wo sich Expeditionsteilnehmer lediglich mit kleinen Häppchen begnügen müssen, haben Sie im Café Kifaru die große Auswahl, womit Sie Ihren Hunger stillen möchten. Wie wäre es zum Beispiel mit „Mama Wambules Best Giant Burger"? Das knusprig gebratene Beef kommt frisch vom Grill ins Brötchen – ein Genuss, den Sie sicherlich nicht vergessen werden. Oder steht Ihnen der Sinn nach einer saftigen Pizza aus dem Steinofen? Pizza Kifaru, Pizza Safari, mit Hühnchen oder Meeresfrüchten: Schicken Sie Ihren Gaumen auf Entdeckungsreise!

Auf der Speisekarte stehen außerdem heiße Hot Dogs, frische, knackige Salate und knusprige Sandwiches. Auch zum Naschen gibt es am Sambesi Verlockendes: Muffins, Eis und vieles mehr. Natürlich sind hier auch heiße wie kalte Getränke erhältlich. Genießen Sie die afrikanische Gastfreundschaft und lassen Sie sich vom Zauber Afrikas verführen. Wenn die Sommersonne hinter dem Sambesi versinkt, spiegelt sich die warme Beleuchtung der Holzbauten im Wasser des Flusses wider. Am gegenüber liegenden Ufer können Sie Nashörner beobachten, Pfaue stolzieren umher – ein exotischer Ort, der seinesgleichen sucht.

Das Café Kifaru kann übrigens auch für Feiern gebucht werden, bis zu 450 Personen finden hier Platz. Auf Wunsch organisiert das Event-Team des Erlebnis-Zoo das gesamte

Fest, vom afrikanischen Buffet über die romantische Bootsfahrt auf dem Sambesi bis hin zu afrikanischen Trommlern und Tänzern: Privat- und Firmenfeiern werden an diesem magischen Ort zu einem unvergesslichen Erlebnis! ●

Ein wenig Zoo für daheim?

In der Smith & Johnson Handelsstation finden Sie so ziemlich alles, was ein Entdecker direkt auf seinen abenteuerlichen Reisen gebrauchen kann – und natürlich auch Erinnerungsstücke, um das große Abenteuer zuhause entsprechend noch einmal nacherleben zu können. Stöbern Sie ein wenig im reichhaltigen Angebot!

Hier gilt es nicht nur abenteuerliche Safari-Andenken und afrikanisches Kunsthandwerk zu bewundern – Sie finden auch eine große Auswahl an Stofftieren, die nicht nur die kleinen Besucher begeistern dürften. Angefangen beim majestätischen Löwen über die dunkel gefleckten Giraffen, die possierlichen Erdmännchen, das Respekt einflößende Nashorn bis hin zum schwarz-weiß gestreiften Zebra ... hier findet sicher jeder sein Lieblingstier wieder.

Während der niedersächsischen Ferien sowie an Wochenenden erwarten wahre Künstler in der Handelsstation den Besuch der kleinen Zoogäste. In der Schminkstation „Magic Animal" werden Ihre kleinen Racker

innerhalb weniger Minuten in einen gefährlichen Leoparden oder eine stolze Giraffe verwandelt.

Etwas Besonderes für die erwachsenen Besucher des Zoos hat die Smith & Johnsons Handelsstation natürlich auch zu bieten: Wunderschöne, handgemachte Tierfiguren, Schalen, Eier und Herzen aus Speckstein. Die dekorativen Stücke mit afrikanischen Mustern werden in Kenia gefertigt, der Verkauf unterstützt den fairen Handel in Afrika! •

Parkscout-Tipp

Bitte lächeln... lautet das Motto während der Sambesi-Bootsfahrt, denn hinter einer Flussbiegung erwartet Sie die Fotokamera! In der Handelsstation können Sie sich Ihr Bild anschließend ansehen und entweder als Souvenir, als Foto-Code zum Download bzw. zum Versand als eCard erwerben. Das funktioniert natürlich auch mit den Souvenirfotos vom „Magic Animal Kinderschminken".

BULLYLAND®

Mit den Spielfiguren von BULLYLAND holst du dir Yukon Bay – das Kanadafeeling aus dem Erlebnis-Zoo Hannover – ins Kinderzimmer.

BULLYLAND AG
Bully-Straße 1 · 73565 Spraitbach · Germany
Tel. +49 7176 303 0 · Fax +49 7176 303 12
bully@bullyland.de · www.bullyland.de

© Bullyland

Gorillaberg

Gorillaberg

Der Evolution auf der Spur

Mitten im Herzen des Erlebnis-Zoo Hannover erhebt sich der Gorillaberg. Er ist nicht nur für seine Bewohner eine einzigartige Welt, auch die Besucher erwartet ein unvergessliches Erlebnis, wenn sie die schönste Anlage für Menschenaffen in Europa entdecken.

Am Fuß des Berges werden Sie zuerst von Gibbons begrüßt. Das muntere, lautstarke Pärchen baumlebender Primaten hat es sich auf einer eigens für sie angelegten Insel bequem gemacht. Hier finden die kleinsten Menschenaffen zahllose Klettermöglichkeiten und haben jede Menge Platz, um nach Herzenslust herumzutollen. Hoch in den Baumwipfeln sitzend nehmen sie mit ihrem morgendlichen Gesang ihre Insel je-

Unvergessliche Begegnungen

den Tag aufs Neue in Besitz. Bei kühleren Temperaturen oder Regen können sich die Tiere problemlos in ihre warme Höhle zurückziehen. Die ist in dem künstlichen Felsen versteckt, der an der Rückseite der Insel aufragt. Übrigens: „Insel" ist hier durchaus wörtlich zu nehmen. Das Gibbon-Reich liegt inmitten eines idyllischen Teiches.

Folgen Sie dem Weg weiter auf den Gorillaberg. Bereits nach kurzer Zeit kommen Sie an eine Ausgrabungsstelle. Offensichtlich haben die Archäologen diesen Platz erst vor kurzem verlassen: Quer über das

Parkscout-Tipp

Direkt gegenüber dem Forschercamp befinden sich in den Fels eingelassene Klettermöglichkeiten. Hier haben die kleinen Besucher Gelegenheit, an Seilen herauf zu klettern und ihre Leistung so mit denen der Menschenaffen zu vergleichen.

Feld verteilt liegen Werkzeuge. Und wenn Sie genau hinsehen, erkennen Sie auch die Knochenfunde, die hier bereits teilweise freigelegt wurden. Direkt neben der Grabungsstelle sind aufschlussreiche Fundstücke auf einem Tisch ausgestellt: Schädel und Unterkiefer.

Raten Sie doch einmal, welcher der Schädel zum Menschen und welcher zum Tier gehört! Ist der große von einem Gorilla oder gehörte er zu einem Neandertaler? Sie können die knöchernen Erinnerungen an die Menschheitsgeschichte natürlich auch anfassen – eine Mitnahme als Souvenir scheidet, dank guter Befestigung am Tisch, allerdings aus.

Nachdem Sie Ihren potentiellen Vorfahren kräftig auf den Zahn gefühlt haben, führt Sie der Weg weiter über eine kleine Brücke. Die Überquerung gleicht einer Reise in die graue Vorzeit der Menschheit. Auf der anderen Seite liegt eine etwas versteckt gelegene Blätterhütte. Diese einfachen Hütten dienten den frühen Menschen als Schutz vor Sonne und Regen. Rund um die Hütte

Gorillaberg

Der Evolution auf der Spur

liegen einfache Gebrauchsgegenstände. Offensichtlich ist die Hütte also bewohnt, aber wo mögen wohl die Besitzer sein? Die Antwort finden Sie hinter der nächsten Weggabelung.

Ein neuer Anfang

Auf der rechten Seite sehen Sie in einer Höhle die Darstellung einer Familienszene aus früher Vorzeit: Neandertaler beerdigen einen Verstorbenen. Ein Familienmitglied kniet auf dem mit Blumen übersäten Boden und erweist der Toten seine letzte Ehre. Neandertaler hatten entgegen ihrem Ruf bereits eine Vorstellung von Tod und Transzendenz.

Gegenüber befindet sich direkt neben dem Weg die Skulptur eines ausgewachsenen Gorillaweibchens, das gerade sein Junges im Arm hält. Die beiden scheinen die trauernden Menschen zu beobachten.

Nur ein paar Schritte weiter werden Sie aber schon wieder ins volle Leben zurückgeholt. Vor Ihnen öffnet sich eine Höhle. Treten Sie ein und entdecken Sie das Reich der Gorillas: eine große, grüne, traumhafte Lichtung mitten im Urwald, mit Was-

Parkscout-Tipp

Haben Sie während Ihres Aufstiegs auf den Gorillaberg den unebenen Bodenbelag bemerkt? Ab der Ausgrabungsstelle wandeln Sie auf dem Evolutionspfad. Eine Spurenfolge zeigt die Entwicklung der Menschenaffen, die andere dokumentiert die des Menschen und seines Wegs in die Zivilisation. Angefangen von Spuren nackter Füße über Schuhabdrücke bis hin zu Reifenspuren, die am Wrack des Jeeps enden... Hier wandeln Sie auf den Spuren der Evolution!

Der Evolution auf der Spur

serfall, Bachlauf und Teich. Hier können die größten Vertreter der Menschenaffen unter freiem Himmel den Kletterbaum erstürmen, an Baumstämme gelehnt in der Sonne dösen, mit Bambus im Termitenhügel nach Leckereien suchen oder einfach nur herumtollen. Schatten und Unterschlupf (schließlich regnet es auch in Afrika hin und wieder) finden die Gorillas in einer Felsenhöhle oder sie kuscheln sich an die großen überdachten Scheiben, vor denen Sie gerade stehen. Hier können die Besucher den friedlichen Menschenaffen direkt in die braunen Augen blicken!

Gegenüber der Lichtung liegt ein verlassenes Forschungs-Camp mit Zelt, Feldbett, Fotoapparat, Kisten und Truhen. Offensichtlich haben die Wissenschaftler monatelang in der kargen Behausung gelebt und die sanften Riesen beobachtet. Die Notizen der Freilandforscher über die Gorillafamilie sind gut geschützt ausgehängt und für jedermann lesbar. Welche Mühen und Gefahren die Forscher des letzten und diesen Jahrhunderts auf sich genommen haben, um Erkenntnisse über die Menschenaffen zu sammeln, zeigt das Wrack eines Jeeps im Urwalddickicht. Was aus dem Fahrer und seinen Kollegen geworden ist, wird wohl nie geklärt werden...
Damit sind Sie am Fuße des Gorillaberges angekommen, und die Bewohner des Urwaldhauses warten schon ganz ungeduldig auf Ihren Besuch. ●

Unten links: Quirlige Gibbons
Unten rechts: Wohlbehütet in Mutters Armen
Links, oben: Evolutionstisch an der Ausgrabungsstelle
Links, Mitte: Neandertaler-Beerdigungszeremonie
Links, unten: Gorillastatue

Gibbon

Klein, leicht und wasserscheu

Gibbons sind die kleinsten und leichtesten aller Menschenaffen. Die quirligen Tiere werden nur bis zu 64 Zentimeter groß und 7 Kilogramm schwer. Gibbons leben in den immergrünen tropischen Regenwäldern Südostasiens. Auf der Speisekarte der baumlebenden Primaten stehen vor allem Blätter und Früchte.

Gibbons sind die arten- und zahlreichste Gruppe der Menschenaffen. Sie lassen sich in vier Gattungen unterteilen: Siamang, Weißhandgibbon, Schopfgibbon und Weißbrauengibbon. Innerhalb dieser Gattungen gibt es wiederum zwölf verschiedene Arten. Die meisten Gibbonarten sind vom Aussterben bedroht, da ihr Lebensraum immer weiter zerstört wird. Noch bis vor 1 000 Jahren waren die zierlichen Primaten auch in China weit verbreitet. Heute sind sie dort nur noch im Südwesten der Yunnan-Provinz sowie auf der Insel Hainan zu finden. In China wurde 99 Prozent ihres Lebensraumes durch die fortschreitende Industrialisierung zerstört.

Das Leben dieser aufgeweckten Tiere spielt sich hauptsächlich auf Bäumen ab. Mit ihren überlangen Armen hangeln sie sich geschickt von Ast zu Ast. Sollten sie sich, im

wahrsten Sinne des Wortes, dann doch einmal dazu herablassen, sich auf dem Boden fort zu bewegen, gehen sie aufrecht auf zwei Beinen.

Absolut wasserscheu

Schwimmen kann der kleine Primat nicht. Überhaupt steht er Wasser im Allgemeinen eher skeptisch gegenüber. Er vermeidet den Kontakt mit dem nassen Element so gut es eben geht. Überkommt ihn dann doch einmal der Durst, sucht er sich einen Baum in Wassernähe. Er lässt sich dann kopfüber am Ast herunterhängen, taucht blitzschnell seine Hand in das kühle Nass und saugt das Wasser vom Handrücken ab.

Erwachsene Gibbons sind ihrem Partner treu. Die Paare leben monogam – wobei allerdings gut unterrichtete Kreise verlauten ließen, dass es manchmal auch schon zu Fällen von Untreue gekommen sein soll. Im Regelfall aber bleiben Pärchen, die sich einmal gefunden haben, für den Rest ihres Lebens zusammen.
Das Resultat dieser Liebe zeigt sich nach einer Tragzeit von 210 bis 235 Tagen. Nach der Geburt klammert sich das noch schutz-

Klein, leicht und wasserscheu

bedürftige, neugeborene Gibbonäffchen am Bauch der Mutter fest. Dieses Verhalten hat ihm übrigens den passenden Namen „Tragling" eingebracht.

Junge Schopfgibbons haben ein hellbeiges Fell genau wie ihre Mütter – so sind sie perfekt getarnt. Das ändert sich aber nach etwa einem halben Jahr, dann wird das Fell der Gibbons schwarz. Die weiblichen Vertreter dieser Gruppe mögen allerdings etwas mehr Abwechslung. Sie wechseln zur Geschlechtsreife (nach etwa fünf bis sieben Lebensjahren) noch einmal die Farbe und werden wieder hellbeige. Die Männchen hingegen scheinen mit ihrem Fell ganz zufrieden zu sein und bleiben schwarz. ●

Gorilla

Die sanften Riesen

Der Gorilla bewohnt den tropischen Regenwald sowie die grünen Bergwälder Afrikas und ist das größte Mitglied der Menschenaffengruppe. Die Männchen können bis zu 1,85 Meter groß und über 200 Kilogramm schwer werden.

Gorillas leben in festen Gruppen, die aus mehreren erwachsenen Weibchen und Jungtieren bestehen. Angeführt werden diese Verbände von einem „Silberrücken", einem ausgewachsenen Männchen mit silbergrauem Rückenfell. Der „Silberrücken" ist nicht nur der Anführer, sondern auch der Beschützer der Gruppe. Er verteidigt seine Familie gegen alle Feinde. Neben dem Leopard ist es nur noch der Mensch, der dem Gorilla gefährlich werden kann.

Von Natur aus sind Gorillas sanfte und friedfertige Geschöpfe, aber wenn die Familie bedroht wird, gibt es für den Clan-Chef kein Halten mehr. Er zeigt dann sein typisches Angriffsverhalten: Der „Silberrücken" runzelt die Stirn, presst die Lippen aufeinander und zieht die Augenbrauen zusammen. Anschließend gibt er kurze, abgehackte Laute von sich und zuckt mit dem Kopf in Richtung des Gegners. Dann folgt der Angriff:

Er rennt auf seinen Gegner zu und bremst entweder kurz vor ihm ab oder läuft seitlich an ihm vorbei. Die schlechteste aller möglichen Reaktionen, für die sich ein Gegner in diesem Moment entscheiden könnte, wäre die Flucht. Das animiert den Gorilla nämlich, die Verfolgung aufzunehmen. Die kluge Variante ist es, sich unterwürfig vor dem Gorilla auf den Boden zu kauern. Auf diese Weise schwindet für das Tier die Bedrohung, es bricht den Angriff ab. Auch die Begegnung zweier fremder Gorillamänner ist imposant: Sie brüllen sich an, reißen Büsche aus und trommeln sich auf die Brust. Meist flüchtet dann das kleinere Gorillamännchen.

Manchmal überlässt der „Silberrücken" die Verteidigung der Familie einer Gruppe von jüngeren Männchen. Die Jungs teilen sich dann die Arbeit: Einige von ihnen greifen den Feind an, während die anderen die restlichen Familienmitglieder von der Gefahrenstelle wegtreiben.

Starke Familienbande

Die Tragzeit der Gorillaweibchen beträgt 270 Tage. Der Nachwuchs entwickelt sich doppelt so schnell wie der ihrer menschlichen Pendants. Die Kleinen krabbeln schon im Alter von etwa drei Monaten munter vor sich hin und laufen nur anderthalb Monate später sicher auf allen Vieren. Weitere sechs Wochen später sind sie von den Bäumen, auf denen sie problemlos herum klettern, schon nicht mehr herunter zu bekommen.

Feste Nahrung nimmt der behaarte Nachwuchs etwa ab dem 8. Lebensmonat regelmäßig zu sich. Die strikten Vegetarier greifen bevorzugt zu Früchten, Gräsern und Baumrinde. Trotzdem lassen sich die Jungtiere weiter von ihrer Mutter säugen: Erst im Alter von zwei (manchmal auch erst mit vier) Jahren sind sie vollkommen entwöhnt.

Fester Tagesablauf

Der Tag im Leben eines Gorillas ist streng eingeteilt. Nach einem ausgiebigen Frühstück folgt eine Ruhephase, der sich ein kurzer Aktivitätsblock anschließt. Danach ist erst mal wieder Ruhe angesagt, und schon steht das Abendessen an.
Dann ist es höchste Zeit, sein Schlafnest aufzusuchen. In diesen Ruhephasen pflegen die Gorillas ihre sozialen Kontakte untereinander. Dementsprechend wichtig sind diese Abschnitte für das Sozialleben der ganzen Gruppe.

Wenn geschlafen wird, dann auch richtig: Gorillas bauen sich Nester, indem sie Zweige und andere Pflanzen übereinander legen und miteinander verbinden. Jedes Tier macht sich sein eigenes Bett und konstruiert sein Schlafnest entweder auf dem Boden oder auf Bäumen. Gorillas bauen übrigens jeden Abend ein neues Nest – auch wenn sie den Schlafplatz nicht wirklich gewechselt haben und das alte Nest nur ein paar Meter daneben liegt. ●

Schimpanse

Ganz nah am Menschen

Der Schimpanse ist der drittgrößte Menschenaffe und uns genetisch am ähnlichsten. Die Kern-DNS unterscheidet sich tatsächlich nur in 1,6 Prozent der vorhandenen Gene!

Etliche Parallelen

Und so lassen sich etliche Parallelen zu den Menschen finden. Das Gesicht des Schimpansen ist unbehaart wie das unsere. Auch in seiner Gestalt sieht er uns am ähnlichsten. Die Entwicklung ist ebenfalls vergleichbar: Acht Monate lang wird ein Schimpansenbaby ausgetragen. Es lernt im ersten Lebensjahr sich selbständig fortzubewegen und wird jahrelang von der Mutter liebevoll umsorgt – ganz ähnlich wie Menschenbabys.

Die Arme sind beim Schimpansen deutlich länger als seine Beine. Er hat schmale, lange Hände und Füße sowie einen schwarzen Körper. Haar- und Hautfarbe können übrigens, je nach Herkunft, variieren – genau wie beim Menschen. Wie alt die Tiere werden, hängt vor allem von ihrem Lebensraum ab. In freier Natur werden sie 30 bis 40 Jahre alt, im Zoo hingegen erreichen sie ein Alter von bis zu 55 Jahren.

Viel Lärm im Streitfall

Schimpansen leben im afrikanischen Tropenwald. Hier bilden sie lockere Gruppen, die aus etwa 30 bis 60 Tieren bestehen. Es gibt keine so festgelegte Rangordnung wie bei den Gorillas. Kommt es zu Streitereien, wird das direkt vor Ort geklärt. Leises Tuscheln ist bei diesen Primaten unbekannt. Sie arbeiten sehr viel mit Drohgeschrei und aufgeregten Gebärden. Sie reißen auch Zweige ab und schlagen damit auf den Boden, um ihre Stärke zu zeigen. Durch dieses Imponiergehabe werden unmittelbare Kampfhandlungen meist verhindert.

Den Tag verbringen die Schimpansen meist mit der Nahrungssuche. Neben Blättern, Früchten und Nüssen stehen auch Ameisen und Termiten, sogar kleinere Affen oder Antilopen auf ihrem Speiseplan. Um an die Termiten in ihren Höhlen zu gelangen, hilft dem Schimpansen seine Fähigkeit, Werkzeuge nutzen zu können. Er nimmt einen Stock und steckt ihn als verlängerten Arm in einen Ameisenbau oder Termitenhügel. Die Termiten krabbeln daran entlang, und der Schimpanse muss sie nur noch ablecken. Kein anderes Tier setzt Werkzeuge so geschickt ein wie die Schimpansen: Sie benutzen Zweige, wenn sie einen Gegenstand nicht mit den Händen berühren möchten, verwenden Blätter als Waschlappen oder zum Auffangen von Regenwasser, nehmen Steine als Wurfgeschosse.

Auch seine Füße kann er bestens als Greif-werkzeug einsetzen. Der Schimpanse hat eine Großzehe, die er den anderen Zehen gegenüberstellen kann. Mit diesem festen Griff kann er problemlos Bananen öffnen und – wie hier im Zoo bei der täglichen Fütterung gut zu beobachten – haufenweise Obst und Gemüse festhalten. ●

Orang-Utan

Der „Waldmensch"

„Orang" heißt auf indonesisch Mensch und „Utan" bedeutet Wald. Der so betitelte „Waldmensch" zählt zu den Menschenaffen und ist der älteste Vertreter dieser Familie. Er lebt bereits seit circa 15 Millionen Jahren auf der Erde und ist auf Sumatra und Borneo zu Hause.

Der Orang-Utan ist bestens für das Leben auf Bäumen ausgerüstet. Mit seinen langen Armen schwingt er sich von Baumkrone zu Baumkrone. Dort oben fühlt er sich deutlich wohler als auf dem Boden. Er ist übrigens der einzige unter den großen Menschenaffen, der ein Leben in luftiger Höhe bevorzugt. Wenn ein Orang-Utan doch einmal auf den Boden hinabsteigt, stützt er sich beim Laufen auf alle Viere.

Sein Futter findet der Orang-Utan ebenfalls etliche Meter über dem Boden. Die Früchte der Bäume sind ihm ebenso willkommen wie deren Rinde. Allerdings sind auch Vogeleier eine willkommene Abwechslung auf dem Speiseplan.

Unverwechselbar ist der Ruf der Orang-Utans: eine lange Folge lauter Brülltöne, deren Lautstärke ständig ansteigt, aus denen

dann stöhnende und gurgelnde Laute werden. Das Gebrüll kann bis zu zwei Minuten anhalten und lässt viele Dschungelbewohner aufhorchen.

Vom Aussterben bedroht

Die friedlichen Vegetarier sind vom Aussterben bedroht, da ihr Lebensraum immer kleiner wird und die Bedrohung durch den Menschen ständig zugenommen hat. In Teilen Borneos gehörten früher Kämpfe mit den Orang-Utans zu wichtigen Mutproben. Heutzutage sind vor allem die Orang-Utan-

Babys leider eine begehrte Handelsware. Um an ein lebendes Junges zu kommen, müssen Wilderer durchschnittlich drei Muttertiere aus den Bäumen schießen. Bei dem Sturz werden die Jungen oftmals entweder verletzt oder sterben ebenfalls.

Es verwundert nicht, dass die Orang-Utans menschenscheu geworden sind: Taucht ein potentieller Feind auf, versteckt sich der Orang-Utan. Wenn er trotzdem entdeckt wird, versucht er durch Imponiergehabe den Feind abzuschrecken.

Orang-Utans vermehren sich nur langsam. Obwohl die Tragzeit der Weibchen neun Monate beträgt, bringen sie in ihrem gesamten Leben nur drei bis vier Junge zur Welt. Diese sind bei der Geburt ebenso hilflos wie Menschenbabys und werden von ihren Müttern fürsorglich aufgezogen. Sie bekommen von ihnen alles beigebracht, was zum Leben (und auch Überleben) im Urwald notwendig ist. Orang-Utan-Kinder sind geschickt und erfinderisch in Sachen Spiel und lernen sehr schnell und gut.

Abend für Abend, wenn die Orang-Utans müde sind, klettern sie in die Baumkronen und bauen sich ein Nest. Ein paar Äste werden zu einem federnden Laubbett zusammengebogen, darüber kommen Blätter – fertig ist die Schlafstätte. Orang-Utans errichten ihre Nester häufig an Stellen, die ihnen eine gute Aussicht über den umgebenden Wald bieten. ●

Drill

Bedrohter afrikanischer „Waldpavian"

Der Lebensraum des Drills erstreckt sich von Nigeria bis Kamerun. Dort ist er, wie sein zweiter Name „Waldpavian" bereits nahe legt, in den tropischen Regenwäldern zu finden. Wenn er überhaupt zu finden ist – schließlich zählt der Drill zu den bedrohten Tierarten, da sein Lebensraum immer weiter zerstört und er als begehrtes „Bushmeat" – Wildfleisch – gejagt wird. Wirklich ungestört kann der Drill nur noch in ganz wenigen Schutzgebieten leben.

Der Bestand der Drills ist auf einen bedrohlich niedrigen Stand gesunken, und es ist kein Ende in Sicht. Er zählt mittlerweile zu den seltensten afrikanischen Primaten. Weltweit sind Rettungsaktionen zur Erhaltung der Drills angelaufen, an denen sich auch der *Erlebnis-Zoo Hannover* beteiligt. Dessen Bemühungen bei der Zucht waren von Erfolg gekrönt: In fast allen Drillgruppen der internationalen Zoos leben heute Nachkommen aus Hannover.

Der Drill verbringt die meiste Zeit auf dem Boden, wo er sich auf allen Vieren fortbewegt. Nur frisch gebackene Mütter suchen mit ihren Jungtieren manchmal Schutz auf

Bäumen, dann allerdings auch nur auf den unteren Ästen. Auf Nahrungssuche geht der Drill ebenfalls auf dem Boden: Dort sammelt er Blätter, Früchte, Nüsse, Wurzeln und jagt kleine wirbellose Tiere.
Das haarlose, schwarze Gesicht dieses Primaten wird von einem weißen Fellkranz umrandet. Er hat eine lange Schnauze und seine Nase liegt eingebettet zwischen zwei Knochenfurchen. Sein Fell ist braun bis schwarz, wobei sein Hinterteil ebenso haarlos ist wie sein Gesicht. Dafür erstrahlt das Hinterteil des Männchens leuchtend bunt.

Kämpfer mit scharfen Waffen

Das bunte Hinterteil ist aber nicht nur ein Schönheitsmerkmal, es wird von den Affen auch als Kommunikationsmittel eingesetzt. Das Präsentieren des Hinterns dient als Unterwürfigkeitssignal. Das unterlegene Männchen hält in Kämpfen dem stärkeren Männchen das Hinterteil entgegen. Das stärkere Männchen besteigt den Unterworfenen dann symbolisch, um die Rangordnung unmissverständlich klarzustellen.
Dieses Verhalten findet sich aber nur bei Kämpfen, die Drills untereinander austragen. Von anderen Feinden lassen sich diese

Bedrohter afrikanischer „Waldpavian"

Affen nämlich nicht so einfach einschüchtern. Kommt es zu einer Konfrontation, wird erst versucht, dem Feind mit Drohgebärden Angst einzujagen: Der Drill reißt das Maul auf und zeigt seine langen, scharfen Eckzähne. Diese Geste sieht zwar aus, als würde der Drill gähnen, aber es handelt sich hier um eine eindeutige Kampfansage. Sollte diese Warnung nicht ausreichen und sich der Feind durch die Mimik sowie das selbstsichere Auftreten des Drills nicht einschüchtern lassen, kommt es zum Kampf. Hier zeigen sich die Drills dann als sehr kräftige, unglaublich schnelle und wendige Tiere, die mit ihren scharfen Eckzähnen auch noch äußerst gut bewaffnet sind. Das macht sie zu sehr guten Kämpfern, die es selbst mit Raubtieren aufnehmen! ●

Yukon Bay

Yukon Bay

Kanada – das große Abenteuer

Yukon Territory – Kanada. Eiskalt windet sich der mythenumwobene Yukon durch das Land. Majestätisch türmt sich Mount Logan 5.971 Meter hoch über endlosen Wäldern und klargrünen Seen. Im Winter wird es bis -50 Grad kalt, Polarlichter tanzen am Himmel. Ganze neun Verkehrsampeln regeln den Verkehr in dem Land, das doppelt so groß ist wie Deutschland. Wenn es einen Stau gibt, ist ein Elch Schuld. Oder ein Bär, der einfach auf der Straße stehen bleibt.

Am Yukon in Hannover ist es zwar nicht ganz so kalt – aber wenn es einen Stau gibt, ist es ebenfalls immer ein Tier, das Sie in seinen Bann zieht und zum Stehenbleiben zwingt! Wölfe mit bernsteinfarbenen Au-

Parkscout-Tipp

In Yukon Bay wimmelt es von historischen Vorbildern aus dem Yukon Territory. In der Hafenzeile finden Sie den Nachbau des Grand Palace Theatre, das berühmte Gedicht von Robert Service über den Goldrausch ziert eine Häuserwand – genau wie in Dawson City. Und bei den Bisons macht die „Duchess" Station, so wie sie auch in Carcross steht.

gen verfolgen am Ufer des Yukon jede Bewegung. Eine Herde Karibus zieht vorbei, Bisons heben kurz den Kopf und grasen dann weiter, in der Ferne brüllt ein Eisbär.

Der Weg durch Yukon Bay ist eine Reise durch die raue Wildnis, bei der längst vergangene Goldgräberromantik wieder aufkommt und Abenteuer locken. Ähnlich wie die Goldgräber des 19. Jahrhunderts durchwandern Sie Wildnis und felsige Landschaften, Schluchten und Höhlen, bis Sie schließlich in das quirlige Hafenstädtchen mit bunten Holzhäusern, Marktplatz und der legendären Yukon Market Hall gelangen. Willkommen in Yukon Bay!

Das 22.000 Quadratmeter große Kanada liegt genau zwischen Afrika und Indien, also zwischen Sambesi und Dschungelpalast. Sie betreten Kanada – ganz bequem ohne Visum und Zeitverschiebung – durch einen alten Bergwerksstollen. Eine alte Lore steht festgefahren im Geröll, hier und da blitzt ein letztes Körnchen Gold im schwachen Schein der Grubenlampen. „Keep out! Danger" warnt ein Schild. Doch schon fällt Licht in den Stollen: Vor Ihnen liegt eine dichte Taigalandschaft, durch die ein klarer Fluss rauscht.

Kanada – das große Abenteuer

Karibus und Bisons grasen friedlich. Sie sind mitten in Kanada, direkt am Yukon!

Während Sie das große Wasserrad betrachten, das sich unermüdlich im Wasserfall dreht, spüren Sie Blicke im Nacken. Ein Rudel dunkler Timberwölfe lebt am Ufer des Yukon und beobachtet Sie ebenso wie die Karibus, die geradezu appetitlich in deren Nähe leben. Die knisternde Spannung zwischen Wölfen und Karibus ist greifbar: Die einen belauern, die anderen sind immer wachsam.
Der Weg führt weiter durch eine Goldmine, deren Wände teilweise eingestürzt sind. Hier kommen Sie den Wölfen besonders nahe: Lediglich Glasscheiben in den Rissen der Mine trennen Mensch und Tier. Leitwolf Berny und seine Brüder begleiten Sie aufmerksam, bis Sie die Mine verlassen, um auf die „Herzogin" zu treffen.

Die Duchess

Zwischen den Bisons und Karibus steht die Duchess, die kleine historische Lokomotive mit der abenteuerlichen Vergangenheit. Wer 1899 von Carcross im Yukon Territory nach Atlin in British Columbia gelangen wollte, reiste mit der Duchess.
Die eigentliche Strecke zwischen zwei Seen war zwar nur zwei Meilen lang, aber so steil, dass der Duchess oft der Dampf ausging. Die Passagiere mussten aussteigen und die kleine Lokomotive anschieben!
In den 1950er Jahren wurde die Duchess nach Carcross gebracht und ist dort heute

Kanada – das große Abenteuer

eine beliebte Touristenattraktion. In Yukon Bay ist die schwarz glänzende Lokomotive nicht nur ein begehrter Foto-Point, sondern zugleich die gut getarnte Abtrennung zwischen den Bisons und den Karibus. Die Waggons sind der „Zaun" und das Tor zu ihren Gehegen.

Der Bahnhof mit der Duchess markiert auch den Wendepunkt zwischen Wildnis und Stadt. Erste Holzhäuser zeugen von Zivilisation – und Geschichte. Archäologen haben Knochen prähistorischer Tiere zutage gebracht. Die Ausgrabungsstätte ist inzwischen neu besetzt: Präriehunde haben die Grabungen übernommen und bud-

Parkscout-Tipp

Folgen Sie mit den Zoo-Scouts den Spuren von Jack London. Alle Führungen und Angebote unter www.zoo-hannover.de

deln neue Löcher und Gänge in das lockere Erdreich. Die kleinen Erdhörnchen sehen eigentlich eher aus wie Murmeltiere und haben gar keine Ähnlichkeit mit einem Hund. Aber wenn Gefahr droht, bellen sie!

Nördlichster Pinguin-Zoo

Nahe der eingestürzten Mine, in der Wilhelm Backhaus – genannt Digger Billy – 1865 sein erstes Goldnugget fand, ist aus der einstigen Goldgräber-Zeltstadt ein lebhaftes Hafenstädtchen mit bunten Häusern in Kanada-typischer Holzbauweise entstanden. Im großen Hafenbecken liegt das Frachtschiff Yukon Queen in leichter Schräglage. Einst fuhr Kapitän Henry Charters mit diesem Frachter die Route Kanada-Südafrika. Als das Schiff im Hafen auf Grund lief, ging Charters in Yukon Bay sprichwörtlich vor Anker – und mit ihm seine letzte Fracht: südafrika-

Kanada – das große Abenteuer

nische Pinguine. Kurzerhand eröffnete der findige Kapitän auf der Yukon Queen den „Nördlichsten Pinguin-Zoo der Welt".

Im Hafenbecken wundern sich Seebären und Kegelrobben über die seltsamen kleinen Frackträger, lassen sich von ihnen aber nicht aus der Ruhe bringen. Bei den täglichen Shows vor der Kulisse der Hafenanlage zeigen sie, was ein echter Seebär ist! Beobachten Sie die Shows von der bequemen Holztribüne aus und genießen Sie gleichzeitig die Hafenszenerie.

Neben der Yukon Queen ragt das Wahrzeichen von Yukon Bay aus dem Meereswasser: Ein 18 Meter hoher Lastenkran.
Der große Kran ist schon lange stillgelegt. Aber einmal am Tag richten sich alle Augen auf ihn: Von der Spitze des Kranes aus werden die Eisbären gefüttert, die die Meeres-

bucht bewohnen und fast auf Fellfühlung bis an die Stadt herankommen.

Henry Charters Unterwasserwelt

Was die Eisbären unter Wasser erleben, offenbart sich in der größten Attraktion von Yukon Bay: In der Unterwasserwelt im Rumpf der Yukon Queen!
Fast zwei Jahre dauerten die Umbauarbeiten in dem Frachtschiff. Jetzt geben große Fenster in den Schiffswänden den Blick frei auf die atemberaubende Unterwasserwelt der Meerestiere. Im geheimnisvoll grünblau schimmernden Wasser tauchen Eisbären direkt hinter den Scheiben. Pinguine vollführen über Ihren Köpfen ihren Unterwasserflug. An Land wirken die Meeresvögel tollpatschig, im Wasser dagegen sind sie pure Eleganz. Pfeilschnell schießen sie an den Bullaugen und Fenstern vorbei. Kegelrobben und Seebären gleiten gemächlich an den Scheiben vorbei, halten inne, betrachten Sie und beäugen interessiert Ihren Tascheninhalt.

Auf Kinder und Jugendliche wartet eine besondere Attraktion: Sie können am Yukon dem Lockruf des Goldes folgen und Gold aus dem Wasser waschen und sieben. Die richtige Ausrüstung gibt es bei der großen Goldwaschanlage „Digger Billy's Gold Rush". Hier warten auch die große Hüpfburg "Dino Jump"und die urkomische Softball-Anlage „Plopp" auf alle, die nach der spannenden Yukon-Durchquerung außer Rand und Band sind. ●

Parkscout-Tipp

Versäumen Sie auf keinen Fall die Fütterung der Wölfe und Eisbären! Familie McKenzie verrät Ihnen die Geheimnisse ihrer Schützlinge. Zur Begrüßung heulen alle Wölfe!

Eisbär

Herrscher der Arktis

Der Eisbär ist perfekt an die eisigen Temperaturen der Arktis angepasst. Das mächtige Landraubtier wird bis zu zwei Meter groß und 800 Kilogramm schwer. Auf seiner Speisekarte stehen Robben, Fische, aber auch Beeren und Früchte.

Eisbären verschmelzen geradezu mit ihrer frostigen Umgebung. Das weiße Fell lässt sie in Schnee und Eis einfach verschwinden – eine perfekte Tarnung. Dabei ist der Pelz nur scheinbar weiß: Tatsächlich ist es ein dichter Teppich voller durchsichtiger, hohler Haare.

Die durchsichtigen Haare leiten die wenigen Sonnenstrahlen direkt auf die schwarze Haut des Bären, wo die Wärme gespeichert wird. Zudem ist das Tier noch mit mehreren Isolierschichten ausgestattet: Sein dichtes Fell ist ein genauso effizienter Wintermantel wie die zehn Zentimeter dicke Fettschicht darunter. Eisbären sind sogar so gut isoliert, dass sie mit einer Infrarotkamera vom Flugzeug aus nicht entdeckt werden können.

Cleverer Stratege

Ganz oben auf der Speisekarte der Raubtiere stehen Robben. Dank seiner enorm guten Nase und seinen ebenso exzellenten Ohren kann der Eisbär seine Beute auch unter der Eisoberfläche wahrnehmen. Stundenlang harrt der Jäger vor einem Eisloch aus. Sobald eine Robbe dann für einen Atemzug an die Oberfläche kommt, fischt der Bär sie mit kräftigen Pranken aus dem Wasser und tötet sie durch gezielte Bisse.

Wenn der Eisbär eine Robbe unter dem Eis wittert und kein passendes Loch vorhanden ist, wird er selbst zum Eisbrecher. Mit seinen 500 bis 800 Kilogramm Durchschlagkraft kein Problem.

Jungenaufzucht

Wenn Eisbärinnen trächtig sind, graben sie sich Höhlen in den Schnee, um die Kinderstube einzurichten. Hier bringen sie ihren Nachwuchs zur Welt und bleiben mit den Kleinen während der kältesten Wochen des Jahres im Schutz des Eises. Erst mit drei Monaten krabbeln die Kleinen zum ersten Mal aus ihrer Geburtshöhle. Zu dieser Zeit sind sie kräftig genug und haben sich fast 10 Kilogramm wärmenden Winterspeck angefuttert.

Schneeschuh und Paddel

Eisbären haben lange und breite Füße mit kurzen, dicken, gebogenen Krallen. Die Tatzen sind extrem praktisch, weil der Bär sie auf dem Eis als Schneeschuhe benutzen kann: Unter den Füßen hat er Fell, damit er auf dem Eis nicht ausrutscht. Im Wasser wiederum werden die Tatzen als Paddel eingesetzt. Zwischen den Zehen spannen sich nämlich Schwimmhäute.

Stark bedroht!

Seit 2006 steht der Eisbär auf der Roten Liste, der Bestand ist als „gefährdet" eingestuft. In der Arktis leben schätzungsweise nur noch 20.000 bis 25.000 Eisbären. Das arktische Eis schmilzt, und damit der Lebensraum der Eisbären. Die Bären brauchen festes Packeis, von dem aus sie Robben jagen können. Langzeitstudien zeigen deutlich, dass die Bestände der Eisbären immer mehr abnehmen, die Überlebensrate der Jungtiere sinkt, erwachsene Bären kleiner und leichter sind als früher und Hungerperioden nicht mehr gut überstehen. ●

Seebär

Die röhrende Robbe

Seebären gehören zu den Ohrenrobben und leben im Nordpazifk. Die Männchen haben eine imposante Halsmähne, die sie noch größer erscheinen lässt. Ihr durchdringendes, lautes Brüllen unterscheidet die Seebären deutlich von den Kegelrobben und Seelöwen, die zusammen mit ihnen im Hafenbecken von Yukon Bay leben.

Seebären sind nahezu perfekt an ihre kalte Umgebung angepasst. Auf einem Quadratzentimeter Haut trägt der Seebär bis zu 45.000 Haare. Das Unterhaar ist stark gefettet, somit ist sein enorm dichter, bärenartiger Pelz vollkommen wasserundurchlässig. Seine Haarpracht pflegt der Seebär mit den Krallen an den Flossen: Er kämmt sich regelmäßig! Vor Kälte schützt zudem eine dicke Fettschicht unter der Haut. Diese Isolierung funktioniert so gut, dass in der Sonne liegende Seebären wie Hunde hecheln müssen, um sich abzukühlen. Im 8-12 C° kalten Wasser fühlen sie sich am wohlsten. Sind sie erst einmal in ihrem Element, können Seebären eine Geschwindigkeit von 27 km/h erreichen und bis zu 80 Meter tief tauchen. Meistens tauchen sie jedoch nur wenige Meter unter der Wasseroberfläche. Seebären-Männchen sind um vieles größer und schwerer als die Weibchen. Während die Damen schlanke 50-60 Kilogramm auf die Waage bringen und nur 150 Zentimeter lang werden, sind die Männchen über 2 Meter lang und wiegen über 275 Kilogramm!

Warten auf die Richtige

Es ist jedes Jahr das gleiche Schauspiel. Mitte Mai treffen unzählige stattliche Seebärenbullen an einer bestimmten Küste ein. Sie robben sich an Land und streiten mit ihren Artgenossen um das beste Grundstück. Ist es gefunden, verzichten die mächtigen Seebären auf Futter und Wasser. Sie warten nur noch auf ihre Weibchen. Wenn es sein muss, monatelang. Die Gefahr, dass sie sich verpassen besteht nicht. Denn Seebären treffen sich immer dort wieder, wo sie selbst geboren worden sind.

Wenn endlich alle versammelt sind, müssen sich die Männchen immer noch gedulden. Nur wenige Stunden nach ihrer Ankunft bringen die Weibchen zunächst ihr Jungtier der letzten Paarung zur Welt. Dann aber, kurz nach der Geburt, verpaart sich die Seebärenmutter erneut und wird wieder trächtig. Der winzige Keimling beginnt jedoch erst nach etwa vier Monaten zu wachsen. Und 51 Wochen später wird das Seebärenweibchen ihren fünf Kilogramm schweren Nachwuchs genau dort zur Welt bringen, wo sie es schon immer getan hat. An ihrer eigenen Geburtsstätte, mit Hunderten von Artgenossen.

Kindergarten

Seebärenmütter versorgen ausschließlich ihren eigenen Nachwuchs. Fremde Sprösslinge, auch wenn sie noch so hungrig sind, haben nicht die kleinste Chance. Eine Woche lang kümmert sich die Mutter aufopferungsvoll um ihr Baby, dann geht sie wieder zur Jagd ins Meer. Die Jungen schließen sich zu Gruppen zusammen und werden hin und wieder von ihren Müttern gesäugt. Die Robbenmilch ist so fetthaltig und reichhaltig, dass die Mutter ruhig längere Zeit auf Jagd gehen kann, ohne dass ihr Nachwuchs hungert. Bis zu 4,5 Liter trinken Seebären-Babys bei einer Mahlzeit.

Kleine Seebären können sich direkt nach der Geburt nicht über Wasser halten, daher gehen sie erst ab der vierten Woche im Flachwasser baden und dann schwimmen.

Jäger und Gejagter

Die innige Verbindung zwischen Mutter und Kind wurde dem Seebären zum Verhängnis. Um 1870 wurden die Tiere auf dem offenen Meer erbarmungslos gejagt. Meist traf es die Weibchen, denn ihre männlichen Artgenossen waren während der Paarungszeit an Land. So verdammte jeder Treffer der Jäger ein Junges zum Hungertod.

1909 sank die Zahl der Seebären auf einen Tiefstand von 130.000 Tiere. Der Bestand hatte sich zwischenzeitlich erholt, geht heute aber wieder zurück. Nördliche Seebären werden daher als bedroht eingestuft. ●

Präriehunde stammen aus Nordamerika, gehören zur Familie der Erdhörnchen und graben für ihr Leben gern. Nur 40 Zentimeter groß und bis zu 1400 Gramm schwer sind sie effektiver als ein Bagger.

Der Name der flinken Präriebewohner ist verwirrend. Die putzigen Nager sehen eher aus wie kleine Murmeltiere und haben gar keine Ähnlichkeit mit Hunden. Wenn sie allerdings vor Feinden warnen, stoßen sie einen kurzen Ruf aus, der tatsächlich an das Bellen eines Hundes erinnert. Hören die Familienmitglieder diesen Warnlaut, verschwinden sie blitzschnell unter der Erde.

Höhle mit Aussichtsturm

Präriehunde leben mit zahlreichen Familien in großen Kolonien, die auch Dörfer genannt werden. Ihre Wohnungen graben sie sich tief in die Erde. Den Haupteingang umgibt ein hoher Erdwall, der als Aussichtsturm genutzt wird. Von hier aus können die kleinen Hörnchen das umliegende Gebiet überblicken und herannahende Feinde früh erkennen. Bei starkem Regen schützt der Wall die Wohnung außerdem vor Wassereinbrüchen.

Kleine Streitereien unter Freunden

Kämpfe und Balgereien sind bei den Familienmitgliedern der Kolonie an der Tagesordnung. So wird eine Rangordnung festgelegt. Ein Männchen lebt in seinem Territorium mit ein bis vier Weibchen zusammen. Die Jungen bleiben so lange in der Familie, bis sie geschlechtsreif sind, danach werden sie vom Chef vertrieben, auf dass sie eigene Sippen gründen.

Bis zum Herbst haben sich die Präriehunde rund und dick gefuttert. Sie ernähren sich von Gräsern, Obst, Gemüse, aber auch Würmern, Schnecken und Insekten. Wenn sie in den Winterschlaf gehen, zehren sie von ihren Fettpölsterchen. Der Winterschlaf der Präriehunde ist zwar lang, wird aber des öfteren unterbrochen. Bereits ein paar milde Tage locken die quirligen Kerlchen ins Freie, wo sie sich die Beine vertreten und kurz nach dem Rechten sehen, bevor sie sich wieder hinlegen. ●

Timberwölfe leben im Norden Amerikas bis hinauf nach Alaska. Einst waren sie die am weitesten verbreiteten Wölfe in Nordamerika – heute überleben sie nur in Gegenden, die von Menschen dünn besiedelt sind. Die Fellfarbe reicht von fast schwarz bis rein weiß.

Soziale Großfamilie

Wölfe sind gesellige Tiere und leben im Rudel. Mehrere Männchen und Weibchen mit den Jungen kümmern sich umeinander, aber nach einer ganz bestimmten Rangfolge. Innerhalb dieser Familie gibt es zwei getrennte soziale Rangordnungen: die Weibchen kämpfen um einen Platz innerhalb ihrer "Frauengruppe", die Männchen unter sich um ihre Stellung. Am meisten zählt bei diesen Kämpfen die körperliche Kraft. Ist alles im Rudel geklärt, lebt die Großfamilie, zu der bis zu zehn Wölfe gehören, recht friedlich zusammen. Alle jagen gemeinsam und verteilen das Fressen gerecht an die Jungtiere und an die alten Wölfe der Gruppe.

Gejagt wird gemeinsam. Der Wolf verfügt über außerordentlich sensible Sinne und enorme Kraft in den Kiefern. Der Druck beträgt bei einem Biss 150 Kilogramm pro Zentimeter! Genug Kraft, um einem Karibu das Bein abzubeißen. Trotz seiner Rolle als Beutegreifer hat der Wolf mit einem Schreckgespenst nichts gemeinsam. Meist fallen ohnehin schon geschwächte Tiere dem ausdauernden Jäger zum Opfer. Eine instinktive Beißhemmung macht Attacken gegen Rudelmitglieder unmöglich.

Mit den Wölfen heulen

Fängt ein Wolf an zu heulen, stimmen kurz darauf die anderen ein. Sie bleiben an der Stelle, an der sie gerade sitzen oder stehen, richten die Schnauze gen Himmel, ziehen die Mund-

winkel weit nach vorn, und los geht's: In langgezogenen, auf- und abschwingenden Tönen singen sie regelrechte Heulstrophen! Genauso plötzlich wie der "Spuk" angefangen hat, endet er auch wieder. Anschließend laufen alle im Rudel aufgeregt umher, belecken sich winselnd die Schnauzen, freuen sich und spielen. ●

93

Gefleckt mit toller Nase

Ihren Namen verdanken die Robben ihrer kegelförmigen Kopfform. Bei ihre Schnauzen reichen die Vergleiche von Haken- bis Stupsnase. Die bis zu 2,30 Meter langen und über 300 Kilogramm schweren Tiere leben auf beiden Seiten des Atlantiks sowie in der Ostsee.

Ob Männchen oder Weibchen, lässt sich schnell erkennen: Nach dem ersten Haarwechsel haben Männchen helle Flecken auf dunklem Grund, Weibchen dunkle Flecken auf hellem Fell. Neben der markanten Kopfform fallen die fünf langen Krallen an den Vorderflossen auf. Mit den kräftigen Haken

können die Robben auch Felsen an den Uferzonen erklimmen. Robbenbabys werden mit einem seidigen langen, hellen Fell geboren. Drei Wochen lang werden die Robbenbabys gesäugt. Ihr Gewicht steigern sie von 15 Kilo um 1,5 Kilo pro Tag, so dass sie fast 50 Kilogramm wiegen, wenn sie entwöhnt werden. Nach diesen drei Wochen streifen sie ihr Babyfell ab und folgen ihren Müttern ins Meer. Kegelrobben lieben Fisch in allen Varianten, Krebse und Weichtiere dagegen gehören nicht zu ihrem Lieblingsfutter. Sie jagen fast immer in freiem Wasser und können bis zu 70 Meter tief tauchen, um am Meeresboden auf Nahrungssuche zu gehen. ●

Die Artisten unter den Robben

Kalifornische Seelöwen leben im Pazifik vor Nord- und Südamerika. Die bis zu 2,50 Meter langen Tiere schaffen es mit ihrem Flossenantrieb auf 40 Stundenkilometer. In freier Wildbahn beeindrucken Seelöwen durch kleine Kunststücke, die sie auch in Zoos vorführen.

Der Seelöwe hat sich wie andere Robbenarten in Millionen von Jahren immer stärker an ein Leben im Meer angepasst. Seine Flossen waren früher einmal Arme und Beine. Sein Körper wurde immer stromlinienförmiger. Selbst seine Nase hat sich verändert und Verschlusskappen bekommen: Beim Tauchen und Schwimmen kommt so kein Wasser in die Nase.

Wenn Seelöwen auf Fischfang gehen, können sie bis zu 100 Meter tief tauchen und 15 Minuten unter Wasser bleiben. Manchmal verlassen sie ihr nasses Element nicht mal zum Schlafen. Dann liegen sie im Meer und treiben an der Wasseroberfläche. Döst ein Seelöwe doch mal an Land in der Sonne, zeigt sich seine wahre Fellfarbe: dunkelbraun. Im Wasser sehen die Robben schwarz glänzend aus.

Beim Robben an Land liegen die Seelöwen auf ihrem dicken Bauch und kommen dadurch vorwärts, dass sie die starken Rückenmuskeln zusammenziehen und wieder entspannen. Die Seitenflossen setzen sie dabei als Ellenbogen zum Abstützen ein. Ihre Hinterflossen können sie nach vorn drehen und sich so relativ flink laufend fortbewegen. Ganz oben auf der Speisekarte der Seelöwen steht Tintenfisch. Im Zoo bekommen sie Heringe, Makrelen und andere Speisefische. ●

Waldbison

Kolosse im Wintermantel

Der mächtige Bison lebt In den nordwestlichen Wäldern Kanadas. Er wird bis zu 3,80 Meter groß und 850 Kilogramm schwer, hat eine massige Brust und einen sehr großen Kopf mit langer Nackenmähne.

Waldbisons haben ein dickes, braunes Fell, ihr üppiger Bart kann bis zu 30 Zentimeter lang werden! Im Herbst wächst das noch dichtere Winterfell, mit dem sie problemlos die kalten Winter mit Temperaturen bis zu -30 Grad aushalten können. Diesen dicken Wintermantel werfen die Waldbisons im Frühjahr ab. Waldbisons leben in kleinen Herden, bestehend aus mehreren Weibchen und deren Jungtieren. Ausgewachsene Bullen dagegen leben eher einzelgängerisch und suchen die Gesellschaft der Weibchen nur zur Paarungszeit. Jungbullen verlassen die Herde, wenn sie zwei bis drei Jahre alt sind und schließen sich dann zunächst einer Junggesellengruppe an – bis sie alt genug sind, um eigene Wege zu gehen und mit den großen Bullen um die Weibchen zu kämpfen. Die Jungtiere kommen im Frühsommer mit einem Gewicht von 15-25 Kilogramm zur Welt und werden bis zu acht Monate lang gesäugt. Einjährige Jungtiere wiegen bereits bis zu 300 Kilogramm.

Die mächtigen Bisons fühlen sich in Waldgebieten besonders wohl. Gemächlichen Schrittes durchwandern sie den Wald auf der Suche nach Gräsern, Kräutern, Trieben und Flechten. Im Gegensatz zu den Präriebisons sind Waldbisons eher sesshaft und legen nur kurze Strecken (bis zu fünf Kilometer) am Tag zurück. Kommt ein Waldbison in Fahrt, kann er dennoch bis zu 50 Stundenkilometer schnell werden. ●

Lautloser Jäger

Anders als alle Eulen jagt die Schnee-Eule auch am Tag. Muss sie auch: Nördlich des Polarkreises herrscht ein halbes Jahr lang der ununterbrochene Polartag und es ist immer hell.

In Schnee und Eis ist die große Eule gut getarnt. Die Männchen sind schneeweiß, die Weibchen haben braune Tupfen und Sprenkel im Federkleid, das mit vielen Flaumfedern sehr dicht ist. Auch die Beine und Zehen sind mit kurzen Federn besetzt. So ist der Vogel bei den arktischen Temperaturen gut vor der Kälte geschützt.

Als einzige Eulenart hat sich die Schnee-Eule an die harten Lebensbedingungen der Arktis angepasst. Während des kurzen Sommers, in dem es kaum dunkel wird, machen die Schnee-Eulen vor allem Jagd auf Lemminge. An einem Tag verschlingen sie bis zu vier kleine Nager. Wenn sich Lemminge etwa alle vier Jahre explosionsartig vermehren, freuen sich die Schnee-Eulen riesig, weil sie ihre Kinder in diesen fetten Zeiten problemlos ernähren können.

Am liebsten lauert die Schnee-Eule auf Zwergbäumen oder auf einem Felsen auf ihre Opfer. Sie ist aber auch ein geschickter Fischer. Sie packt die Beute mit ihren scharfen Krallen und hebt sie mit einem kräftigen Flügelschlag aus dem Wasser. ●

In ihrer Heimat Nordamerika gehören sie zu den bekanntesten Tieren überhaupt. So wie hierzulande das Eichhörnchen. Das Rothörnchen ziert im Winter ein rostroter Streifen auf dem Rücken von den Ohren bis zur Schwanzspitze. Sein Bauch ist weiß, das Fell im Sommer eher olivfarben. Besonderes Merkmal sind die weißen Ringe um die Augen.

Immer in Bewegung

Die stets aktiven Hörnchen haben einen recht hektischen Lebensstil. Sie huschen Nadelbäume rauf und runter, flitzen von einem Baum zum nächsten, stoppen kurz auf der Erde, um nach Zapfen und Samen zu graben. Die wertvolle Beute wird entweder gleich angenagt und fallen gelassen oder als Vorrat für den Winter vergraben. Der Sammeltrieb der Rothörnchen ist für die Wälder wichtig: Indem sie die Samenschuppen der Zapfen umhertragen, helfen sie bei der Verbreitung der Nadelhölzer. Die Rastlosigkeit der Rothörnchen gehört zu ihrer Überlebensstrategie: Die kleinen Hörnchen stehen ganz oben auf der Speisekarte von Mardern, Luchsen, Greifvögeln und Eulen.

Geschäftige Häuslebauer

Ihre Nester bauen Rothörnchen entweder in verlassenen Spechthöhlen oder Astlöchern, aber auch unter Felsen und sogar in unterirdischen Bauten, die Erdhörnchen angelegt haben. Die Innenausstattung besteht immer aus Gras und Rinde und einem gut gefüllten Vorratsschrank. Wenn es im Winter so kalt ist, dass die Rothörnchen nicht vor die Tür gehen können, haben sie immer Nahrung im Haus.

Für die Partnersuche nehmen sich Rothörnchen kaum Zeit. In gewohnter Hast verfolgen die Männchen die Weibchen auf den Bäumen. Der Nachwuchs aus dieser flüchtigen Begegnung kommt blind und hilflos zu Welt, entwickelt sich aber ziemlich schnell. Schon nach fünf Wochen sind die Kleinen entwöhnt, mit sechs Wochen beginnen sie, ihren eigenen Nahrungsvorrat zu sammeln und zu vergraben.

Um immer köstliche Zapfen und Samen griffbereit zu haben, beißen die Rothörnchen im Frühherbst die noch grünen Zapfen vom Baum und vergraben sie. So geht kein Samen aus dem Zapfen verloren. Auch Pilze werden konserviert: Die Rothörnchen klemmen sie zum Trocknen einfach in Astgabeln. Eine Delikatesse im Frühjahr ist der Saft der Ahornrinde. Für das exklusive Getränk wird die Rinde angenagt und der zuckerhaltige Saft abgeschleckt. ●

Elegant im Frack

Die Pinguine in Hannover sind leicht zu unterscheiden: Den Kopf des Felsenpinguins ziert ein Büschel goldgelber Federn, der Brillenpinguin hat weiße Federn über dem Auge.

Pinguine sind an das Leben im Wasser perfekt angepasst. Ihre „Flügel" haben sich zu Flossen umgebildet, die sie mit ihren starken Brustmuskeln schnell bewegen können, Schwanz und Füße dienen als Steuerruder – Pinguine scheinen regelrecht durch das Wasser zu „fliegen". Das Gefieder erinnert an Schuppen, ist glatt und wasserabweisend. In der Unterwasserstation in Yukon Bay lässt sich gut erkennen, dass den Bewegungen der Pinguine kleine Luftbläschen folgen: Im Gefieder der Pinguine hält sich eine Luftschicht, die gegen das kalte Wasser isoliert und zugleich für Auftrieb sorgt. Ihr weißer Bauch dient den Pinguinen zur Tarnung im Wasser. Schwertwale und Robben, die tief unter den Pinguinen tauchen, können das weiße Gefieder vor der hellen Wasseroberfläche schlecht erkennen.

An Land sehen Pinguine immer ein wenig tollpatschig aus. Aufrecht watscheln sie vorwärts. Geschickter ist da der Felsenpinguin, der hüpfend von Fels zu Fels springen kann. Der Felsenpinguin wird daher im Englischen auch „Rockhopper" genannt.

Pinguine lieben es gesellig, brüten in Kolonien und gehen gern gemeinsam auf Nahrungssuche. Die Gruppe bietet ihnen Schutz vor Feinden. ●

Gesellige Herdentiere

Karibus sind eine Wildform der Rentiere und leben im Norden Amerikas, von Kanada bis hoch nach Alaska. Karibus können bis zu 275 Kilogramm schwer werden (Weibchen bis zu 140 Kilogramm) und haben ein mächtiges Geweih – im Vergleich zur Körpergröße tragen diese Wildrentiere die größte Geweihmasse aller Hirscharten (bis zu 15 Kilogramm!).

Um vom Sommer- in das Winterquartier zu gelangen, wandern Karibus mehr als 1.000 Kilometer in Herden mit oftmals mehreren tausend Tieren. Lautlos ist das nicht gerade: Bei jedem Schritt knacken und knistern die Sehnen der Karibus. Ihre Hufe sind breit und weit spreizbar, das erleichtert das Gehen in Schnee und Matsch.

Die Brunftzeit beginnt im Herbst. Dann geben die Hirsche orgelnd-grunzende Laute von sich, um die Hirschkühe anzulocken. Im Streit um die Weibchen kämpfen die Männchen mit den Geweihen – manchmal mit tödlichem Ausgang. Sofort nach der Brunft werfen die Hirsche ihr Geweih ab. Die trächtigen Hirschkühe tragen ihr Geweih weiter und können sich so im Kampf um die besten Futterstellen gegen die Hirsche behaupten.

Jungtiere sind bei der Geburt gut entwickelt und schon recht groß, bei einem Gewicht von fünf bis zwölf Kilogramm. Das Kalb wächst schnell heran und besitzt nach kurzer Zeit genügend Ausdauer, um Wölfen entkommen zu können.

Karibu-Kälber erkennen ihre Mütter übrigens an der Stimme. Wenn ein Karibu-Weibchen das Rufen eines Kalbes hört, antwortet es mit einem gedämpften Ruf. Diesen Ruf erwidert nur das eigene Kalb, indem es auf seine Mutter zuläuft. ●

Wer am Yukon einen Burger essen möchte, der es in sich hat, fährt nach Yukon Bay – der Giant Bison Burger vom Klondike Grill in der Yukon Market Hall ist legendär und der Insider-Tipp in allen Reiseführern! Vom Marktplatz in Yukon Bay aus haben Sie das Hafenbecken und die Eisbären im Blick.

Das gastronomische Zentrum von Yukon Bay ist die mit Schwertfischen verzierte rote Holz-Halle, die in den 1920er Jahren für den Fischhandel erbaut und rund 30 Jahre später zu einer Markthalle mit vielen kleinen Ständen umgebaut wurde. Am Klondike Grill gibt es neben dem Giant Bison Burger auch Spare Ribs, Holzfäller-Steaks und Chickenwings. Mike's Fish Inn nebenan ist für geräucherten Fisch direkt aus den Räucheröfen und für seine fantastische Fischsuppe stadtbekannt.

Inschrift erinnern an die ehemalige Nutzung des imposanten Gebäudes als Fischhalle.

Elchsalami, Bisonschinken und Büffel-Mozzarella

Nur ein kleines Stück weiter lockt der Sandwich Corner mit frischen Baguettes, Brötchen, Ciabatta, Preiselbeer-Sauerkraut-Brötchen und Bagels. Es gilt, sich zwischen geräucherten Makrelenfilets, Rauchlachs, Garnelen oder Lachs, Rauchmatjes, Bismarckhering, Graved Lachs oder Butterfisch, gegrillter Hähnchenbrust, Elchsalami, Honig-Kochschinken, Cranberry Cheese, geräuchertem Schweinerücken oder Bisonschinken zu entscheiden.

Anschließend lockt „Kathy's Cake" zur typisch amerikanischen Kaffeestunde mit American Cheese Cake, Apple Pie, Brownies, Donuts und Muffins.
Auch die Market Hall selbst ist ein Augenschmaus für Genießer. Überall sind die Spuren der Vergangenheit zu erkennen. Aufschriften für die Fischanlieferung an den Wänden, halbhohe Trennwände, selbst ein Ablaufdeckel mit

In den fünfziger Jahren folgte Luigi Amarone seiner Traumfrau an den Yukon und eröffnete ein original italienisches Eiscafé. Seit Generationen wird in der Familie Amarone Speise-Eis nach dem geheimen Amarone-Rezept selbst hergestellt. Über 25 verschiedene Eisbecher und Milchshakes wecken den Italiener in jedem Gast.
Wie das Eis nach Amarone-Tradition ohne künstliche Zusatzstoffe, Stabilisatoren, Aromen und Konservierungsstoffe hergestellt wird, können Besucher übrigens sehen: die Eisfabrik befindet sich hinter der Tribüne am Hafenbecken.
Paolo Amarone folgte nicht dem Lockruf des Goldes, sondern seinem Bruder Luigi an den Yukon und eröffnete nahe des Grand Palace Theatre eine kleine, rustikale Pasteria mit klassisch weiß-rot-karierten Tischen. Genießen Sie Penne oder Fusilli mit Sauce Napoli, Bolognaise, Carbonara oder schön scharf al'arrabbiata in der Gesellschaft von Sophia Loren und Gina Lollobrigida! ●

In Yukon Bay wird selbst das Einkaufen zum Erlebnis. Ein uraltes Blockhaus aus dicken Baumstämmen, die sich mit zwei Armen nicht umfassen lassen, steht direkt am Yukon Trail. Hier lebte einst Wilhelm „Digger Billy" Backhaus, der Begründer des Hafenstädchens Yukon Bay. Die urige Hütte mit Küche, Werkstatt und Wohnraum des Goldgräbers ist heute das „Visitor Information Center" von Yukon Bay – und der General Store!

Das Visitor Information Center ist mit echt kanadischem Dekor ausgestattet – mit Fellen und Geweihen, Büchern und Bildern, Schneeschuhen und Fahnen aus dem Yukon Territory. Auf großen Flachbildschirmen wird hier die Schönheit des Yukon Territory gezeigt – die Sehenswürdigkeiten und die beeindruckende Natur mit Seen, Bergen, tiefen Wäldern, Karibus, Bären und Wölfen. Für Reiselustige gibt es auch gleich Informationsmaterial für den Flug nach Kanada ins Yukon Territory!

Wer ein Stück Kanada lieber sofort mit nach Hause nehmen möchte, findet im Shop eine große Auswahl an Mineralien und Edelsteinen, Kunsthandwerk aus Kanada, eine bunte Palette an Country- und Westernmusik zur Einstimmung und robustes Emaillegeschirr mit einem Gruß vom Yukon (für den nächsten Goldschürfer-Urlaub).

Werfen Sie unbedingt einen Blick auf die spezielle Yukon Bay Mode-Linie: Die T-Shirts und Caps mit Kanadamotiven, Tassen und Becher machen Ihre Outdoor-Ausrüstung perfekt. Tipp: Wer dem Wetter am Yukon nicht traut, ist mit dem Thermometer-Schlüsselanhänger bestens bedient.
Einfach zum Knuddeln sind die kleinen Plüscheisbären und Pinguine mit feschem blauen Yukon Bay-Schal. Überhaupt warten alle Yukon Bay Tiere im Shop auf ein neues Zuhause: Eisbären, Pinguine, Wölfe, Eulen, Robben und Bisons gibt es in Plüsch oder als Hartgummifigur.

Vorsicht in der Abteilung „Ausgestorbene Tiere": Tyrannosaurus Rex, Triceratops und Säbelzahntiger kämpfen hier mit mächtigen Hörnern, imposanten Nackenschildern und langen Zähnen (aus Plüsch natürlich) um die Aufmerksamkeit der kleinen Besucher. ●

Dschungelpalast

Dschungelpalast

Tierisch belebte Palastruine

Erleben Sie den Zauber Indiens und entdecken Sie seine geheimnisvolle Geschichte. Wo einst Maharadschas prachtvolle Paläste bauen ließen, regieren heute majestätische Tiger, heilige Tempelaffen, kraftvolle Leoparden und graue Riesen – die mächtigen Elefanten.

Tief im indischen Dschungel verborgen, liegt der Palast von Maharadscha Bakhat. Zu seinen Lebzeiten als Förderer der Kultur bekannt, folgten viele wichtige Persönlich-

keiten aus Industrie, Politik und Adel den Einladungen zu seinen rauschenden Festen. Doch auch mit allem Reichtum der Welt konnte sich der Maharadscha kein ewiges Leben erkaufen.

Nach seinem Tod verließen die Menschen den Palast und die Natur eroberte sich ihr Reich in den folgenden Jahrzehnten zurück. Zwischen den mit Moos überzogenen Mauern, Aquädukten und Statuen haben heute andere große Tiere das Sagen.

Maharadschas und andere große Tiere

Um diese einzigartige Ruine entdecken zu können, müssen Sie nicht zu einer langen und beschwerlichen Reise nach Indien aufbrechen. Den ehemals prächtigen Palast finden Sie mitten im *Erlebnis-Zoo Hannover*. Mitten in Hannover ist auf mehr als 12 000 Quadratmetern eine exotische, geheimnisvolle Welt entstanden. Hier haben Tiere aus ganz Asien ihr paradiesisches Reich gefunden.

Zwei riesige Elefantenstatuen bewachen als steinerne Torwächter das Eingangsportal zum Dschungelpalast. Haben Sie keine

Tierisch belebte Palastruine

Angst, sondern treten Sie einfach hinein: Der Anblick, der sich Ihnen jetzt bieten wird, bleibt schlicht unvergesslich – grün überwucherte Säulen und Mauerfragmente im Bambusdickicht, imposante Brunnenanlagen, freskenverzierte Gemächer.

Aus einem leckgeschlagenen Aquädukt rauscht klares Wasser in einer Kaskade die Mauern hinab und sammelt sich in einem einladend frischen Becken. Elegante Elefantendamen nehmen hier ein ausgiebiges Bad oder nutzen den tosenden Wasserfall als Dusche.

Sie sollten sich auf jeden Fall einen guten Platz auf der Palast-Terrasse sichern. Hier bietet sich der ideale Blick auf das Treiben der Elefanten. Als nächstes lädt der reich verzierte Innenhof des Palastes zum Verweilen ein. Von hier aus haben Sie die gesamte

„Elefantöse" Abkühlung am Springbrunnen

Tierisch belebte Palastruine

Elefantenanlage gut im Blick und können die sympathischen Dickhäuter in aller Ruhe beobachten.

Wer weiß, vielleicht nimmt einer der Elefanten ja gerade ein ausgiebiges Sandbad, oder die kleinen Elefanten halten ihre Tanten mit allerlei Unsinn auf Trab, graben Löcher oder klettern rüsselbrecherisch auf den umgestürzten Säulen.

Brennt die indische Sonne, können sich die Elefanten unter die Schatten spendenden Ruinen zurück ziehen, während Sie selbst unter den bunten Zeltdächern bestens geschützt sind.

Affen – fast allein zu Hause

In unmittelbarer Nähe zu den Elefanten haben die Hulman-Languren die ehemaligen

Tierisch belebte Palastruine

Gemächer des Maharadschas Bakhat in Beschlag genommen. Hier bekommt der Besucher einen guten Eindruck davon, wie prächtig der Maharadscha lebte. Ein Wandelgang mit Holzpergola, reich verzierten Fenstersimsen und imposanten Statuen bildet da nur den Anfang. Das Gemach selbst ist, auch in diesem verfallenen Zustand, noch immer ein kleiner Traum. Der Boden dieser Schlafstatt des Fürsten ist komplett gefliest. Es versteht sich von selbst, dass diese Fliesen in Handarbeit gefertigte Einzelstücke sind. Gleiches gilt übrigens auch für das kleine Wasserspiel, das munter in ein Becken plätschert.

Die an der Decke angebrachten, aufwändig gestalteten Kronleuchter kamen zu früheren Zeiten nach Anbruch der Dämmerung zum Einsatz. Von ihrem Licht wurden die auf den Wänden aufgemalten Fresken angeleuchtet. Eines davon zeigt übrigens einen Maharadscha – komplett mit Turban, dreieckigen Koteletten und Schnurrbart. Ob es sich hierbei um den ehemaligen Besitzer dieser Prachtanlage handelt, ist leider nicht überliefert worden.

Die derzeitigen Bewohner sind mit den Gegebenheiten, die sie bei der Eroberung vorgefunden haben, allerdings auch mehr als zufrieden. Statuen, Simse und Vorsprünge bieten den Hulman-Languren, den heiligen Tempelaffen, nämlich ideale Voraussetzungen für wilde Verfolgungsjagden durch die Gemächer. Die vorwitzige Affentruppe nutzt jede sich bietende Gelegenheit aus, um große Sprünge zu machen. Erklärtes Ziel hierbei sind die Kronleuchter, an denen es sich so herrlich schaukeln lässt. Wird die heiße Jagd einem der Teilnehmer etwas zu wild,

wird er seine übermütigen Spielkameraden schon mit ein paar Spritzern aus dem Wasserspiel abkühlen.

Hulman-Languren träumen in den Gemächern des Maharadschas.

Tierisch belebte Palastruine

Auch die anderen Teile des Palastes haben Tiere erobert. Die majestätischen Tiger haben einen verfallenen Seitenflügel des Palastes für sich in Anspruch genommen. Hier warten sie ungeduldig auf die Zoobesucher. Der Weg zu den großen Katzen führt über eine kleine Holzbrücke, die nicht gerade stabil aussieht. Keine Angst, die Brücke wird das schon aushalten... oder?

Im herrlichen Palastgarten leben die Leoparden im Bambusdickicht. Eigentlich wollte der Ur-Ur-Ur-Urenkel des Maharadschas diesen Garten in seiner einstigen Pracht für den Tourismus wieder herrichten lassen. Doch kaum hatten die ersten Bauarbeiten

Im verfallenen Palast-Seitenflügel haben Tiger ihr Reich.

begonnen, entdeckten die Handwerker plötzlich Leoparden. Kurzerhand überließ der Nachfahre des Maharadschas dieser stark bedrohten Tierart ihr Reich. Hals über Kopf flohen die Arbeiter aus dem Palastgarten – die Baugerüste aus Bambus und der indische Lieferwagen mit den Baumaterialien wurden einfach zurückgelassen. Auf der Baustelle zwischen Gerüsten, verblichenen Wandmalereien und prächtigen Springbrunnen haben es sich die Leoparden inzwischen gemütlich gemacht.

In der Palasthalle – abgetrennt von den Leoparden, versteht sich – befindet sich übri-

Tierisch belebte Palastruine

gens der orientalische Basar. Hier können die Besucher ein kleines Stück Indien für zuhause erwerben.

Direkt hinter dem Dschungelpalast ändert sich die Landschaft dramatisch. Eben noch sind Sie an einem weiteren steinernen Elefanten vorbei geschritten, plötzlich umgeben Sie bizarr gewachsene alte Zedern und Kiefern. Wenn Sie genau hinhören, nehmen Sie auch schon das Rauschen eines Wasserfalls wahr, der in der Nähe über eine Felsformation fällt.

Im *Erlebnis-Zoo Hannover* bedarf es nur eines einzigen Schrittes, um vom indischen Dschungel zum Himalaja zu gelangen. Schreiten Sie also durch das Pagodentor mit den rot leuchtenden Pfosten und schon liegt das Dach der Welt vor Ihnen. Die Himalaja-Anlage ist mit dichtem Unterholz und zahlreichen Klettermöglichkeiten ausgestattet. Sie ist die Heimat von zwei Kleinen Pandas und den Muntjaks geworden. Würde man letztere nicht mit eigenen Augen sehen können, dürften Geschichten über sie definitiv ins Reich der Fabeln verwiesen werden. Mit ihren kleinen Geweihstümpfen auf dem Kopf und den verlängerten Eckzähnen alleine sorgen sie schon für Aufregung. Doch damit aber nicht genug: Sie bellen bei Gefahr auch noch wie Hunde. Das hat diesen faszinierenden Tieren dann auch den mehr als passenden Namen „Bellhirsch" eingebracht. ●

Muntjak oder Bellhirsch: Das „fabel"-hafte Aussehen macht ihn so interessant und geheimnisvoll...

Elefant

Die asiatischen Dickhäuter

Während für die Besucher vor allem die Kulisse des Dschungelpalastes beeindruckend ist, lag das Hauptaugenmerk bei der Planung viel eher auf den tierischen Ansprüchen.

Die Gestalter konzentrierten sich darauf, Gehege nach den neuesten zoologischen Erkenntnissen für eine zukunftsweisende Tierhaltung zu bauen. Und so verfügt das Reich der Elefanten über verschiedene Bodenarten, Sand- und Lehmkuhlen, Scheuermög-lichkeiten für die Hautpflege, Schatten- und Regenplätze, einen großen Badepool und einen eigenen Mutter-Kind-Bereich. Auch der imposante Bulle nennt ein weitläufiges Areal sein Eigen: Elefantenbullen sind Einzelgänger und besuchen die Elefantenkühe nur zur Paarungszeit. Steht dem Bullen der Sinn nach Gesellschaft, muss lediglich ein schweres Holztor in der Palastwand geöffnet werden.

Ganz offensichtlich fühlen sich die Elefanten in ihrem Dschungelpalast sehr wohl:

Die asiatischen Dickhäuter

Mehrere Elefantenbabys wurden hier bereits geboren, weitere werden ab Frühjahr 2010 erwartet!

Im indischen Dschungelpalast des *Erlebnis-Zoo Hannover* leben Asiatische Elefanten. Von ihren afrikanischen Verwandten sind sie leicht zu unterscheiden: Sie sind kleiner, ihre Haut ist glatter und ihre im Vergleich geradezu zierlichen Ohren haben die Form des indischen Subkontinents – während die riesigen Ohren des Afrikanischen Elefanten im Umriss Afrika ähneln. Ein weiteres, aber nicht zu übersehendes Unterscheidungsmerkmal: Bei den Afrikanischen Elefanten tragen Männchen und Weibchen

Stoßzähne. Bei den Asiatischen Elefanten haben nur die Bullen die imposanten Elfenbeinzähne. Die der Weibchen sind kaum ausgebildet und oft gar nicht zu erkennen.

Der Rüssel der Elefanten hat sich im Laufe der Entwicklung aus Nase und Oberlippe gebildet. Er enthält keine Knochen, sondern besteht ausschließlich aus Muskelgewebe: Rund 60 000 Muskeln hat der Elefant in seinem Rüssel! Und genau das ist auch der Grund, warum er ihn so universell einsetzen kann. Mit dem Rüssel riecht und atmet der Elefant. Er nutzt ihn aber auch als eine Art Ersatzhand, greift damit sein Futter – Gras, Heu, Äste, Baumrinden – und

Die asiatischen Dickhäuter

stopft es sich in den Mund. Etwa 200 Kilogramm Grünfutter frisst ein Elefant am Tag.

Rüssel vor – Wasser marsch

Selbst beim Trinken ist der Rüssel für den Elefanten extrem hilfreich, auch wenn er nicht durch ihn trinkt – er würde sich dabei ebenso verschlucken wie wir, wenn wir aus Versehen durch die Nase trinken!

Der Elefant saugt das Wasser nur an und spritzt es sich dann ins Maul. Eine Rüsselfüllung fasst dabei etwa zehn Liter. Bis zu 100 Liter Wasser trinkt ein Elefant am Tag auf diese Weise.
Manchmal kühlen sich die Dickhäuter auch mit Hilfe ihres Rüssels: Sie saugen Wasser in ihrem Rüssel auf und spritzen es sich dann über ihren Kopf – eine perfekte Dusche! Zur Körperpflege können Elefanten sogar Sand mit dem Rüssel aufsaugen und sich damit einpudern.

Als Tastwerkzeug ist der Rüssel ebenfalls durch nichts zu ersetzen. Mit der sensiblen Rüsselspitze können Elefanten selbst Münzen vom Fußboden aufheben.

Elefanten kommunizieren sogar mit dem Rüssel. Sie nutzen ihn, um sich gegenseitig zu beschnuppern und zu betasten. Droht Gefahr, warnt der Elefant durch ein schrilles Rüssel-Trompeten seine Familie.

Die asiatischen Dickhäuter

Der Elefant hat sehr große und plump wirkende Füße – dabei geht ein Elefant eigentlich nur auf den Zehenspitzen! Unter den steil aufgerichteten Fußknochen liegt ein dickes, weiches Polster aus Bindegewebe. So verteilt sich das Gewicht des Elefanten auf eine große Fläche. Dank des dicken Sohlenpolsters geht ein Elefant trotz seines enormen Gewichts nahezu lautlos.

Wie läuft ein Elefant eigentlich? Die meisten Säugetiere, wie zum Beispiel der Mensch, bewegen sich im Kreuzgang fort. Setzen sie das rechte Bein vor, wird der linke Arm bewegt und umgekehrt. Der Elefant hingegen marschiert im Passgang durch die Weltgeschichte. Bei dieser Gangart werden immer die beiden Beine einer Körperhälfte gleichzeitig bewegt. Das resultiert in einem schaukelnden Gang, den man auch bei Giraffen oder Kamelen beobachten kann.

Kühlung mit den Ohren

Im Verhältnis zu seiner Körpermasse hat ein Elefant nur sehr wenig Hautoberfläche, über die er den Wärmehaushalt seines Körpers vernünftig regulieren könnte. Ein Elefant kann nämlich nicht schwitzen wie wir Menschen, er muss die Wärme seines Körpers also auf andere Weise abgeben: mit den Ohren! Die großen Ohren sind sehr stark durchblutet. Das erhitzte Blut des Körpers wird in diesen zahllosen Äderchen ab-

Die asiatischen Dickhäuter

gekühlt. Durch das stetige Wedeln mit den Ohrlappen wird der Kühlungsmechanismus noch verstärkt. Aus diesem Grund sind die Ohren bei den Afrikanischen Elefanten auch deutlich größer, da sie öfter und länger der prallen Sonne ausgesetzt sind als die Asiatischen Elefanten, die eher in schattigen Wäldern leben.

Elefanten leben in Herden, die aus bis zu 30 Mitgliedern bestehen können. Angeführt werden diese Herden meistens von einem älteren weiblichen Tier. Dank ihrer Lebenserfahrung und des sprichwörtlich guten Elefantengedächtnisses, kennt die Leitkuh genügend Wasser- und Futterplätze, um ihrer Herde das Überleben zu sichern. Elefanten sind sehr soziale Tiere: Alte und verletzte Tiere werden von der Gruppe gemeinsam beschützt – ebenso, wie der neugeborene

Elefanten-Nachwuchs. Apropos Nachwuchs: Elefanten sind das ganze Jahr über bereit zur Paarung. Eine „elefantöse" Schwangerschaft dauert fast zwei Jahre, das Kalb kommt mit einem Gewicht von bereits 100 Kilogramm auf die Welt. Erste schwierige Aufgabe für ein Elefantenbaby: Es muss lernen, seinen schlacksigen Rüssel hochzuklappen, um mit dem Mund an den Zitzen zu saugen. Die Zitzen der Elefantenmutter befinden sich – anders als bei fast allen übrigen Säugern – zwischen ihren Vorderbeinen. Zehn Liter der sehr fetten Elefantenmilch nimmt ein Rüsselbaby täglich zu sich.

Von Natur aus sind Elefanten sehr gutmütige Tiere, was auch damit zusammen hängt, dass sie keine natürlichen Feinde haben. Wenn sie allerdings gereizt werden, wissen sie sich durchaus zu wehren: Ein Schlag

Die asiatischen Dickhäuter

mit ihrem langen, kraftvollen Rüssel kann tödlich sein.

Elefanten lernen blitzschnell und lassen sich gut dressieren. Das haben sich die Menschen zunutze gemacht und Elefanten, vor allem in asiatischen Ländern, als Arbeitstiere abgerichtet. Kein Wunder, können die Tiere doch einen Baumstamm ohne große Probleme alleine wegtragen.

Auch die Asiatischen Elefanten sind durch die Zerstörung ihres Biotops vom Aussterben bedroht. Der *Erlebnis-Zoo Hannover* beteiligt sich am Europäischen Erhaltungszuchtprogramm für Asiatische Elefanten. Die bedrohten Tiere werden hier im Zoo gezüchtet, um damit ihren Bestand zu sichern. Das langfristige Ziel ist es, die Tiere nach Möglichkeit wieder in ihren angestammten Lebensräumen anzusiedeln. ●

Tiger

Jäger und Einzelgänger

Eigentlich sind Katzen ja wasserscheu – fragen Sie mal jemanden, der auf die Idee gekommen ist, seinen kleinen Stubentiger zu baden: Ein zerstörtes Badezimmer und ziemlich vernarbte Hände sprechen Bände.

Eine Ausnahme bildet da ausgerechnet die größte aller Raubkatzen: der sibirische Tiger. Er ist ein exzellenter Schwimmer, für den auch breite Flüsse kein Hindernis darstellen. Daher darf es nicht verwundern, dass neben Antilopen, Hirschen und Rindern auch schon mal Fische, Schildkröten und sogar Frösche ihren Weg in seinen Magen finden.

Der sibirische Tiger (auch Amur-Tiger genannt) lebt vor allem in Ostsibirien. Ein langes, dichtes Fell schützt den Tiger vor den dort herrschenden eisigen Temperaturen. Der Amur-Tiger hat die sibirischen Wälder zu seinem Lebensraum auserkoren.
Im Spiel von Licht und Schatten der Bäume ist der Tiger dank seiner schwarz-gelben Streifen kaum zu erkennen – die perfekte Tarnung für eine Raubkatze. Sein bevorzugtes Jagdrevier sind Wasserstellen: Im hohen Schilfgras verschmilzt der Tiger geradezu

mit seiner Umgebung. So kann sich die größte aller Raubkatzen meist unbemerkt an ihre Opfer heranschleichen. Sobald die Beute nah genug ist, sprintet der Tiger los und springt das Tier von hinten oder von der Seite an. Er schlägt seine Klauen in seine Beute und erlegt sie mit einem Biss in den Hals.

Ein echter Einzelgänger

Tiger gehen alleine auf die Jagd, wobei sie viel Zeit damit verbringen, nach Beutetieren Ausschau zu halten. Wie alle Katzen haben sie hervorragende Augen und können nachts deutlich besser sehen als zum Beispiel der Mensch. Für die ungetrübte Nachtsicht ist eine besondere Schicht hinter der Netzhaut zuständig: das Tapetum. Hier wird einfallendes Licht um ein Vielfaches verstärkt. Dem Tiger ist es so möglich, seine Beute auch bei Nacht zu sichten und zu jagen.

Auch mit seinem Gehör unterscheidet sich der Tiger nicht von anderen Katzen. Egal, ob Großkatze oder Hauskatze: Katzen können ihre Ohren voneinander unabhängig bewegen und sich somit auf verschiedene Geräusche gleichzeitig konzentrieren. Mit

Jäger und Einzelgänger

den hervorragenden Augen und Ohren sind die Tiere bestens gerüstet für die Jagd.

Ohrensprache

Allerdings benutzen Tiger die Ohren nicht nur zum Hören, sondern auch als Kommunikationsmittel. Sie können über die Stellung der Ohren ihre momentane Stimmung ausdrücken. Werden die Ohren seitlich ganz eng an den Kopf angelegt, hat der Tiger eine Abwehrhaltung eingenommen, da er einen Angriff erwartet. Stehen die Ohren hingegen ganz gerade und senkrecht nach oben, hat irgendetwas das Interesse der Katze geweckt, welchem sie jetzt ihre ganze Aufmerksamkeit widmet. Ein bevorstehender Angriff wird netterweise ebenfalls signalisiert: Der Tiger stellt seine Ohren halb auf und dreht diese nach hinten. Dadurch werden die weißen Flecken sichtbar, die er auf der Rückseite seiner Ohren hat.

Tagsüber ruht der Tiger bevorzugt in Felshöhlen oder umgestürzten Bäumen. Erst mit Anbruch der Dämmerung macht er sich auf die Jagd, wobei er in einer einzigen Nacht mehr als 30 Kilometer bei der Suche nach Beute zurücklegen kann. •

Leopard

Gefleckte Eleganz und Schönheit

Der Leopard ist die kleinste, aber am weitesten verbreitete Großkatze: Man findet sie in Afrika und Asien. Dank ihrer großen Anpassungsfähigkeit fühlt sie sich fast überall zuhause – egal ob in der Wüste oder im Regenwald, im Gebirge oder dem Flachland. Entsprechend ihrer weiten Verbreitung haben sich einige Unterarten entwickelt. Im Palastgarten des Dschungelpalastes lebt zum Beispiel der Persische Leopard.

Auch der schwarze Panther ist ein Leopard. Das Tier weist eine übermäßige Pigmentierung auf, was sich in einer schwarzen Fellfärbung niederschlägt. Er bildet damit das Gegenstück zum Albino, dem es an Farbpigmenten mangelt.
Allerdings hat auch der schwarze Panther das für Leoparden typische gefleckte Fell. Bei besonderen Lichtverhältnissen lassen sich die Flecken gut erkennen.

Sein schön geflecktes Fell, das ihn hervorragend tarnt, ist dem Leoparden allerdings auch beinahe zum Verhängnis geworden. Als Jagdtrophäe ist das Fell immer noch sehr begehrt. Heute ist der Leopard vom Aussterben bedroht.

Immer kraftvoll zubeißen

Leoparden suchen sich für ihre Jagd erst einmal einen guten, hoch gelegenen Aussichtsplatz. Das kann zum Beispiel auch ein Baum in der Nähe eines Wasserlochs sein. Hauptsache, sie haben einen guten Überblick über die Umgebung.

Leoparden gehen bevorzugt erst mit Einbruch der Dämmerung auf die Jagd. Wenn sie ein potentielles Opfer ausgemacht haben, schleichen sie sich sehr nahe an ihre zukünftige Beute heran. Eine Flucht ist für das Opfer nahezu unmöglich. Hat der Le-

opard sein Opfer erst gepackt, gibt es kein Entkommen mehr: Mit einem kräftigen Biss in die Kehle wird die Beute erlegt. Was der Leopard frisst, hängt vom jeweiligen Nahrungsangebot ab. Auf seiner Speisekarte stehen Affen, Vögel und kleine Huftiere. Was auch immer er erbeutet haben mag: Der Leopard frisst seine Beute niemals dort, wo er sie erlegt hat.

Das tote Tier wird auf einen Baum gezerrt und fest in eine Astgabel geklemmt. So hat der Jäger Vorrat für die nächsten Tage. Oben auf dem Baum sichert er seine Nah-

rung auch vor dem Zugriff anderer nicht kletternder Räuber wie zum Beispiel Hyänen oder Löwen. Bei dem Transport muss die Großkatze erhebliche Kräfte aufwenden, da ihre Beute häufig um ein vielfaches schwerer ist, als sie selbst.

Mythologie

Auf Bildern und in Legenden aus dem klassischen Altertum steht der Leopard für Schönheit und Stärke. Besonders Bacchus, der römische Gott des Weines, ist oft mit der gefleckten Raubkatze abgebildet. ●

Hulman-Langur

Affe mit legendärem Vorfahr

Eine indische Sage erzählt, dass Sita, die Angetraute des Hindugottes Vishnu, von dem Riesen Ravana nach Sri Lanka verschleppt wurde. Der Affengott Hanuman befreite die Gefangene aus den Klauen Ravanas und verhalf ihr zur Flucht. Bei dem Kampf trug er Verletzungen davon: Hanuman verbrannte sich das Gesicht sowie Hände und Füße.

Die Hanuman-Languren (auch Hulman-Languren genannt) gelten als direkte Nachfahren von Hanuman. Entsprechend den Verletzungen, die ihr Vorfahr davongetragen hat, sind Gesicht, Hände und Füße dieser Affen schwarz. Ihr restliches Fell erstrahlt in einem edlen Silbergrau.
Hulmans leben in Junggesellen- oder „Ein-Mann-Gruppen". In letzterer Gruppe regiert ein Mann unter vielen Frauen, er ist der uneingeschränkte Boss der Affenbande. Klingt toll, ist aber sehr anstrengend.

Ständig versuchen die starken Männchen aus den reinen Männergruppen, ihm die Chefposition streitig zu machen. Es kommt zum Kampf, der stärkere Hulman darf den Harem übernehmen – und genießen.
Die Verhaltensweise der Hulman-Languren untereinander scheint auf den ersten Blick ungewöhnlich. Freunden demonstrieren sie ihr Vertrauen nämlich dadurch, dass sie einfach an ihnen vorbeischauen. Misstrauen hingegen wird durch direkten Augenkontakt signalisiert. „Sich gegenseitig im Auge behalten" nehmen diese Tiere wörtlich.

Hulman-Languren sind furchtbar wasserscheu und können nicht schwimmen. Brauchen sie aber auch gar nicht. Wenn sie zum Beispiel einen Fluss überqueren müssen, springen sie einfach darüber.
Wenn es sein muss, können diese kleinen Affen eine Distanz von zehn Metern mit einem einzigen Sprung zurücklegen. ●

Lieblingsspeise: Bambus

Der Name des Kleinen Panda ist aus dem nepalesischen „Nigalya ponya" abgeleitet. Das heißt soviel wie „Bambusfresser" und beschreibt die Lieblingsbeschäftigung des Kleinbären damit treffend. Kleine Pandas leben im Himalaja und in den Bergen der chinesischen Provinz Sichuan versteckt in dichten Bambuswäldern.

Der possierliche Kleine Panda hat ein langes, dichtes, leuchtend rotes Fell, das ihn vor Eis und Kälte schützt. Die langen Haare lassen sein Gesicht breiter erscheinen als es ist. Bis zur Schulter ist er nur 35 Zentimeter hoch. Durch die kurzen Beine und den langen Schwanz hat der Kleine Panda Ähnlichkeit mit einer Katze – daher wird er auch Katzenbär genannt und ist übrigens damit einziger Vertreter dieser Gattung.

Daumen hoch

Der Kleine Panda ernährt sich, wie sein großer Namensvetter, von Bambus. Aus

diesem Grund hat die Natur ihm ein nützliches Werkzeug mit auf den Weg gegeben: Er hat an der Innenseite der Hand einen „falschen Daumen", eine Art verlängerter Knochen. Hiermit kann der Katzenbär den Bambus hervorragend greifen.

Die rotbunten Katzenbären bersten nicht gerade vor Tatendrang. Einen großen Teil des Tages verbringen sie damit, sich auszuruhen und in der Sonne zu liegen. Dabei sind die Kleinen Pandas nicht faul. Sie müssen einfach Energie sparen, weil der Bambus nicht sehr nährstoffreich ist. ●

„Minihirsch" mit scharfen Eckzähnen

Muntjaks sind Hirsche, die im Unterholz der dichten, unübersichtlichen süd- und südostasiatischen Wälder leben. Sie tarnen sich im Dickicht der Pflanzen und schlüpfen sehr geschickt durch das Unterholz. Man nennt sie deswegen auch „Buschschlüpfer". Die kleinen Hirsche werden aktiv, wenn es dunkel wird. Im Dunkeln gehen sie auf Nahrungssuche. Muntjaks müssen sich gut tarnen, denn sie haben viele Feinde wie Rothunde, Tiger und Leoparden.

Lassen Sie sich aber nur nicht von der Bezeichnung „Hirsche" verwirren: Diese Tiere erreichen bei weitem nicht die Größe unserer heimischen Geweihträger. Tatsächlich gehören sie mit einer Körpergröße von nur 40 bis 70 Zentimetern zu den kleinsten Hirschen der Welt.

Muntjaks sind echte Allesfresser: Neben Pflanzen und Früchten steht auch Aas auf

ihrer Speisekarte, und dann und wann erlegen sie selbst kleinere Beutetiere.

Hirsche im Kleinformat

Das Geweih der „Minihirsche" ist entsprechend ihrer Körpergröße klein ausgefallen: Bei einer Länge von etwa 15 Zentimetern können sich auch nicht mehr als ein oder zwei Enden ausbilden. Weitaus respekteinflößender sind da schon die verlängerten Eckzähne im Oberkiefer der männlichen Muntjaks!

Muntjaks leben einzeln oder in Kleingruppen, wobei die Böcke ihre Reviere erbittert verteidigen. Das Geweih spielt in den Kämpfen nur eine untergeordnete Rolle: Die Eckzähne dienen in solchen Fällen als Waffen.

Ihren Spitznamen „Bellhirsche" haben sie sich übrigens durch ihren Warnruf eingehandelt: Bei Gefahr geben die Hirsche kläffende Laute von sich. Selbst über weite Distanzen ist dieser Ruf noch gut zu hören. ●

Nicht nur Asian Food

Indien ist sehr berühmt für seine aromatischen Gerichte und unwiderstehlich duftenden Gewürze. Auch im Dschungelpalast im Erlebnis-Zoo Hannover kann sich der Besucher einen köstlichen Eindruck von den Leckereien verschaffen, die das geheimnisvolle Land in Asien bietet.

Planen Sie auf jeden Fall einen Stopp bei der Wok-Station ein: Hier werden die köstlichsten indischen Gerichte mit viel knackigem Gemüse direkt vor Ihren Augen im Wok zubereitet – frischer geht es nicht mehr. Für den (allerdings sehr unwahrscheinlichen) Fall, dass Sie der Meinung sein sollten, der Koch sei zu sparsam mit Gewürzen umgegangen – kein Problem: Halten Sie einfach noch kurz an der gut sortierten Gewürzbar an und geben Sie dem Gericht Ihre ganz individuelle Geschmacksnote. Sollte das Ganze dann zu „spicy" geworden sein, wird zu jedem Gericht Reis serviert, mit dem Sie

die Schärfe auf leckere Weise wieder mildern können. Die Wok-Station wird Ihnen auf jeden Fall ein unvergessliches kulinarisches Erlebnis bescheren.

Vielleicht doch etwas kontinentaler?

Wenn Sie es etwas kontinentaler mögen, aber auf die indische Atmosphäre nicht verzichten möchten, ist das Palast-Bistro der richtige Ort für Sie. Hier stehen knusprige Pommes Frites und die immer und überall beliebte Currywurst auf der Karte. Sollten Sie auf der Suche nach dem ultimativen indischen Erlebnis sein – das ist auf der angeschlossenen Palast-Terrasse möglich.

Während Sie hier unter freiem Himmel das unwiderstehlich leckere Thai Green Curry genießen, können Sie gleichzeitig einen Blick auf die Elefanten und Tiger werfen. Ein wahrhaft majestätischer Genuss! •

Asien zum Mitnehmen

Dort, wo sich einst die Haupthalle des fürstlichen Palastes befand, haben heute Händler einen Basar aufgebaut. Bevor Sie jetzt aber auf die Idee kommen mit den anwesenden Verkäufern über den Preis der Waren verhandeln zu wollen: Es ist eigentlich ein Souvenirgeschäft. Allerdings ist es, wie alle Einrichtungen des Erlebnis-Zoo Hannover, so detailverliebt eingerichtet worden, dass man sich fast wie beim Besuch eines Marktes in Indien fühlt.

Die riesige Auswahl an Produkten dürfte es für jeden Besucher schwer machen, nicht etwas Passendes zu finden. Während sich die kleinen Besucher vor allem für die Stofftiere begeistern werden, die hier zum Beispiel in Form von Elefanten, Leoparden und natürlich auch Tigern zu finden sind, wird das Herz der Damen beim Anblick der Sarees frohlocken. Bei dem Saree, auch Sari genannt, handelt es sich um ein indisches Kleidungsstück, das von Frauen als Wickelrock getragen wird. Das etwa sechs Meter lange Tuch ist nicht genäht, so dass die richtige Wickeltechnik erst erlernt werden muss – allerdings behelfen sich auch indische Frauen gerne mit Sicherheitsnadeln, um den perfekten Sitz zu erreichen. Wenn es hingegen etwas wirklich Ausgefallenes sein soll – wie wäre es mit einem T-Shirt, das Elefantendame Sayang in schwierigster Rüsseltechnik bemalt hat?

Apropos Elefanten: auf alles erdenkliche an hochwertigem Kunsthandwerk rund um die edlen Riesen ist der Shop spezialisiert – die Auswahl ist riesig.

Möchten Sie Ihre Wohnungseinrichtung um einige asiatische Accessoires bereichern, werden Sie auf dem Basar auf jeden Fall fündig. In Thailand oder Indonesien gefertigte Kunstgegenstände wie Buddhas und Elefanten warten hier auf Käufer. Alles, was zur Entspannung wichtig und richtig ist, wird hier feilgeboten: ob Klangkugeln oder Räucherstäbchen – hier finden Sie es! •

Outback

Outback

Welcome to nowhere

Outback – so bezeichnet man die Regionen Australiens, die außerhalb der sogenannten Zivilisation liegen – und dabei reden wir von etwa 75 Prozent des riesigen Landes. Die über 5.000 Quadratmeter große Themenwelt Outback im Erlebnis-Zoo Hannover ist glücklicherweise sehr viel näher an der Zivilisation und erheblich schneller zu erreichen.

Die Landschaften und Klimazonen des „echten" Outbacks sind äußerst verschieden: hier bewegt man sich von der extremen und unwirtlichen Wüste Westaustraliens über die Regenwälder des Top End und von Queensland bis zu den Wüsten des Red Centers, die mit dem berühmten Nationalpark und dessen noch berühmteren Ayers Rock ein Weltkulturerbe beherbergen.

Die raue Schönheit thematisch eingefangen

Das „kleine Outback" und seine spannende Tierwelt im Erlebnis-Zoo Hannover ist deutlich einfacher zu erkunden. Doch auch hier bekommt man recht schnell das „down under"-Feeling, denn die Weite und Charakteristik des Kontinents ist aufregend eingefangen worden. Prägend ist hier vor allem die authentisch glutrote Grundkulisse. Markante und aus vielen Filmen und Dokumentationen bekannte Bauwerke wie ein Farmhaus mit typischem Wellblechdach oder das klassische Windrad dürfen nicht fehlen und schaffen mit vielen kleinen Details die richtige Atmosphäre.

Sprungstarke Ureinwohner

Mit der Fertigstellung des Outback fanden sowohl die alten als auch einige bisher nicht im Zoo ansässige australische Tiere ihren Weg in die ganz neue Themenwelt. Allen voran natürlich das Wappentier des Kontinents: das Känguru. Mit den Roten Riesenkängurus, den Sumpfwallabys und den Bennet-Kängurus warten gleich drei Arten der springlebendigen Sympathieträger auf beobachtungswillige Besucher. Den Bennet-Kängurus kann man sogar regelrecht aufs Fell rücken, denn deren Anlage ist frei begehbar. Ob der direkte Kontakt wirklich entsteht, entscheiden die Tiere aber wie überall im Zoo Hannover ausschließlich selbst.

Mit dem Emu wartet auch der australische Laufvogel auf Gäste, um hingegen die eher

Down under in Hannover

scheuen Wombats zu sehen, muss man schon etwas Geduld mitbringen.

Der kleinste Pub

Gefiederte Australier haben sich einen ganz besonderen Platz ausgesucht – die farbenfrohen Vögel haben sich nämlich im kleinsten „Pub der Wildnis" eingenistet. Hier geben nun Wellensittiche, Nymphensittiche, Rosella- und Singsittiche den lautstarken Ton an. Na dann Prost.

Rund 60 Tiere bewohnen bisher die circa 1,5 Millionen teure Themenwelt im Erlebnis-Zoo Hannover, die in einer Bauzeit von sechs Monaten entstanden ist. Wie auch in den anderen Erlebniswelten versetzt die stimmi-

Oben: Emu vor authentischer Kulisse
Unten, links: Bennet-Känguru
Unten, rechts: Das neue Zuhause der Sittiche

ge Atmosphäre den Besuchern in die Lage, die Tierwelt besser zu entdecken und vor allem zu verstehen.
Also nichts wie auf ins Outback, reisen Sie bis ans andere Ende der Welt. ●

Känguru

Sumpfwallaby, Riesen- und Bennett-Känguru

Kängurus zählen zu den bekanntesten Beuteltieren und sind die Wappentiere Australiens. Die eigentlich dämmerungsaktiven Pflanzenfresser mit den charakteristisch verlängerten Hinterbeinen kommen allerdings auch in Neuguinea vor. Im Erlebnis-Zoo Hannover vertreten das Sumpfwallaby, das Rote Riesen- und das Bennett-Känguru die spunggewaltigen Säugetiere.

Sumpfwallaby

Das dunkelbraune Sumpfwallaby gibt auch heute noch Rätsel auf. Sein Chromosomensatz weicht von dem anderer Kängurus ab und die Form seiner Zähne unterscheidet sich von den anderen. Man vermutet, dass das Sumpfwallaby der letzte Überlebende der einst umfangreichen Gattung „Wallabia" ist.

Als einziges Känguru paart sich das Sumpfwallaby eine Woche vor der Geburt eines Jungtieres erneut – alle anderen paaren sich kurz danach. Das kleine Känguru wird bis zu 85 Zentimeter groß und maximal 20 Kilogramm schwer. Im Zoo hat man Gelegenheit ein Wallaby-Männchen und zwei Weibchen zu beobachten.

Begehbares Reich

Die kleinen Bennett-Kängurus stellen sich den Outback-Besuchern in einer begehbaren Anlage aus direkter Nähe vor. Wie nah man allerdings tatsächlich heran kommt, entscheiden die Beuteltiere natürlich selbst. Eine Taschenkontrolle (oder besser Beutelkontrolle) werden sie nicht zulassen, aber wenn man in die Hocke geht, kann man den kleinen, nur circa einen Meter großen Tieren direkt in die Augen sehen. So ganz aus der Nähe betrachtet, erinnert die Nase des friedlichen Bennett-Kängurus übrigens an die eines Hundes – breit, schwarz und ein bisschen feucht. Sein Fell ist graubraun und nur im Nacken und an den Schultern rot, weshalb es auch Rotnackenkänguru genannt wird. Ein weiteres charakteristisches Merkmal ist der weiße Strich von der Nase bis zu den Augen. Wie bei allen Kängurus kommen Bennett-Babys winzig klein zur Welt – knapp zwei Zentimeter groß und etwa 0,8 Gramm schwer. Es krabbelt dann ganz alleine in den Beutel, saugt sich an der Zitze der Mutter fest und wächst heran.

Das Reich der Bennett-Kängurus im Erlebnis-Zoo Hannover ist eine alte Tankstelle. Seit Jahren scheint hier in der Wildnis des Outback kein Fahrzeug mehr vorbei gekommen zu sein. Für die Nachnutzung ist aber gesorgt: Hinter Autoreifen und Zapfsäule, Ölfässern und Wasserbecken liegt jetzt das Schlafgemach der kleinen Kängurus.

Rote Riesen

Über eine große Holzbrücke (der Fluss darunter ist längst ausgetrocknet) gelangt man zu den Roten Riesenkängurus, die auf roten Hügeln in der Sonne sitzen oder in Riesensprüngen den schnellen Emus hinterher hüpfen. Rot sind allerdings meist nur die Männchen, besonders während der Paarungszeit. Aus Drüsen an Kehle und Brust sondern sie eine Art Puder ab, den die Känguru-Männchen schön gleichmäßig über ihren ganzen Körper verteilen. Riesig sind die Sprünge der roten Riesen: Der Rekord liegt bei 13,5 Meter! Auf kurzen Strecken hüpft es bis zu 80 Stundenkilometer schnell.

Der lange Schwanz hält die Tiere im Gleichgewicht und stützt sie beim Sitzen. Die kurzen Vorderbeine benutzt ein Känguru wie Arme. Mit den Pfoten hält es Blätter fest oder putzt sich sein Fell.

Die fünf Riesenkängurus des Erlebnis-Zoos – übrigens ein Männchen und vier Weibchen – fühlen sich sichtlich wohl in ihrem neuen hannoveranischen Domizil und warten auf neugierige Besucher. ●

Emu

Ausdauernd und schnell

Der Emu ist die größte Vogelart Australiens und nach dem Afrikanischen Strauß der größte Vertreter der Laufvögel. Auch wenn er dem Strauß recht ähnlich sieht, ist er nicht verwandt mit diesem.

Der flugunfähige Emu wird bis 1,90 Meter groß und wiegt zwischen 30 und 45 Kilogramm. Ist der eindrucksvolle Laufvogel erstmal so richtig in Fahrt, erreicht er mit bis zu 2,70 Meter langen ausladenden Schritten an die 50 Kilometer in der Stunde.

Naht die Brutzeit, stoßen die Hennen einen klangvollen Laut aus, der wie ein getrommeltes „e-mu, e-mu" klingt – die Herkunft des Namen ist damit aber nicht zu erklären. Vermutlich leitet dieser sich von dem arabischen Begriff für „großer Vogel" ab.

Lieblingsbeschäftigung: Fressen

Die Lieblingsbeschäftigung der Vögel ist dagegen eindeutig bekannt: Fressen. Emus mögen Samen, Früchte, Blumen und Insekten und sind in der Lage, sich große Fettreserven anzueignen.
Die Notwendigkeit dazu besteht im Outback des Erlebnis-Zoo Hannover natürlich nicht. So präsentieren sich dem interessierten Besucher zwei zwar wohlgenährte aber nicht übergewichtige Emu-Hennen. ●

Grabendes Beuteltier

Der pflanzenfressende Wombat sieht bei genauerem Betrachten einem Bären nicht unähnlich. Mit einer Länge von 70 bis 120 Zentimeter und einem Gewicht zwischen 20 und 40 Kilogramm gehört er zu den größten höhlengrabenden Säugetieren.

Der auch Plumpbeutler genannte Wombat baut sich Höhlen und Gänge unter der Erde. Zum Buddeln ist er mit mächtigen Krallen an den kräftigen Vorderbeinen ausgestattet. Wie die Kängurus haben Wombat-Weibchen einen Beutel, in dem das Jungtier heran-wächst – allerdings ist der Beutel nach hinten geöffnet, damit das Baby keinen Sand in die Augen bekommt, wenn die Mutter gräbt.

Wenig natürliche Feinde

Die im Süden und Osten Australiens behei-mateten Beutelsäuger ernähren sich von Gräsern, Kräutern, Pilzen und Wurzeln. Das überwiegend nachtaktive Tier hat nur wenige natürliche Feinde und kann auf kurze Distanz überraschende 40 Stundenkilometer schnell werden. Die Bezeichnung „Wombat" stammt von den australischen Ureinwohner. die sie Wombach, Womback oder auch Womat – je nach Gegend – nannten.
Mit Molly und Milton bevölkern zwei der sym-pathischen Wombats die Weiten der hanno-veranischen Zoo-Wildnis und fühlen sich wohl neben Känguru und Co. ●

Sittiche

Wellensittiche, Nymphensittiche, Rosella- und Singsittiche

Weit über 30 Wellensittiche, Nymphensittiche, Rosella- und Singsittiche erfreuen seit Eröffnung des Themenbereichs Outback Auge und Ohr. Die Sittiche gehören zu den Papageien und leben in Australien in großen Schwärmen.

Sittiche ernähren sich hauptsächlich von Samen, auf der Speisekarte stehen aber auch Kerne, Beeren, Nüsse und Pflanzenteile. Heute gehört beispielsweise der Wellensittich zu den am häufigsten gehaltenen Papageienarten der Welt. Aber auch die Nymphensittiche – die übrigens zur Familie der Kakadus gezählt werden – gehören zu den viel gehaltenen Heimtieren.

Wer das Freigehege der Bennett-Kängurus ausreichend begutachtet hat, entdeckt im

Outback auch recht schnell die Heimat der Sittiche: den kleinsten Pub im Outback. Der ist allerdings längst verlassen, zu wenig Laufkundschaft in der menschenleeren Wildnis. An der Ausstattung lag es sicher nicht, denn Bill's Pub ist an australischem Charme kaum zu überbieten: Die doch recht schiefe Wellblechhütte ist mit Blechschildern liebevoll dekoriert, die Tische auf der wackeligen Veranda sind aus Fässern und Brettern zusammen genagelt.

Die neuen Stammgäste jedenfalls fühlen sich rundum wohl und fürchten auch die abrupte Landung auf einem der wackeligen Stühle nicht. Die Wellensittiche, Nymphensittiche, Rosella- und Singsittiche geben im kleinsten Pub den trillernden Ton an – und das ganz ohne Alkoholausschank. ●

Meyers Hof

Meyers Hof

Authentisch ländlich

Zwischen romantischen Fachwerkhäusern weiden schwarzbunte Kühe auf saftigen Wiesen. Zwei Störche stolzieren um den Hofteich, auf dem eine Entenfamilie ungestört ihre Runden dreht. Da nähert sich auch schon das Empfangskomitee: Gänse, die Sie laut schnatternd auf dem Hof von Bauer Meyer begrüßen.

Mitten in Hannover ist ein idyllisches Stück Niedersachsen wieder erlebbar geworden. Auf 10 000 Quadratmetern wird die „gute alte Zeit" lebendig! Sobald Sie Ihren Fuß auf das weitläufige Hofgelände setzen, wird Sie die ländliche Idylle sofort gefangen nehmen. Wenn der Hahn laut aus vollem Halse

Sieben historische niedersächsische Fachwerkhäuser aus verschiedenen Jahrhunderten bilden die Kulisse für diese einzigartige Erlebniswelt. Die Häuser wurden in ganz Niedersachsen abgetragen und Stein für Stein originalgetreu wieder aufgebaut. Über fünf Millionen Euro wurden in die Themenwelt Meyers Hof investiert. Die Besucher erwartet hier eine mit viel Liebe zum Detail gestaltete Reise in die Vergangenheit. Das kleine niedersächsische Dorf wurde in einjähriger Bauzeit aufgebaut. Für die Ställe, Scheunen, Back- und Wohnhäuser wurden 74 223 Verblendsteine und 55 449 historische Dachpfannen verbaut!

Das älteste Gebäude ist übrigens der Stall Bröckel aus dem 16. Jahrhundert, in dem eine Küche aus vergangenen Zeiten nachgebildet ist: ein alter Küchentisch samt Stühlen, ein antikes Senffass, die Wäschemangel neben dem Spinnrad, alte Zeitungen, eine kleine Lesebrille. Diese Szene wirkt so authentisch, dass man förmlich auf die Bauern wartet, die für ihr Mittagessen am Tisch Platz nehmen.

kräht und die Bäuerin die Wäsche zum Trocknen auf die langen Leinen gehängt hat, werden Sie von der Atmosphäre gefesselt sein. Willkommen im Niedersachsen des letzten Jahrhunderts!

Authentisch ländlich

Regionaltypisch genießen

Das Herzstück dieser Idylle ist das Gasthaus Meyer – das favorisierte Restaurant für regionaltypische Schlemmereien in Hannover! Kosten Sie, wie Niedersachsen schmeckt und gehen Sie auf kulinarische Entdeckungsreise durch die Jahreszeiten: Hier werden saisonale Köstlichkeiten aus frischen Zutaten und in bester Qualität aufgetischt. Nehmen Sie im Winter Platz am gemütlichen Kamin oder genießen Sie im Sommer in Meyers Biergarten ein frisch gezapftes Bier. In der rustikalen Atmosphäre des Zwei-Ständer-Fachwerkbaus aus dem Jahr 1669 steht Genuss an erster Stelle – bis zu 200 Gäste finden hier Platz. Weitere 400 Besucher können sich auf der großen Sonnenterrasse und in Meyers Biergarten unter freiem Himmel auf echt norddeutsche Art verwöhnen lassen.

Auch auf Meyers Hof stehen die Tiere im Mittelpunkt. Hier findet der Besucher all die Haustierarten, die bei uns mittlerweile selten geworden sind. Diese Tiere sind für die moderne Landwirtschaft wirtschaftlich uninteressant und werden daher nicht mehr gezüchtet. So finden sich auf Meyers Hof zum Beispiel die Altdeutschen Schwarzbunten Niederungsrinder, die nur sehr wenig Milch geben. Auch die Rauwolligen Pommerschen Landschafe haben es in der heutigen Zeit schwer: Die kratzige Wolle dieser ostpreußischen Schafe ist nicht mehr gefragt.

Für die Pommerngans sieht es ebenfalls nicht rosig aus. Ihr Fleisch hat einen sehr hohen Fettanteil – ein Problem, das sie mit dem Rotbunten Husumer Protestschwein gemein hat. Auch eine kleine Familie der seltenen Exmoor-Ponys hat auf Meyers Hof ein neues Zuhause gefunden. ●

Urig, schön, gemütlich

Eine der ältesten Landschafrassen der Welt hält, was ihr Name verspricht. Die ursprünglich in Pommern, Ostpreußen und Mecklenburg beheimateten Tiere liefern eine feste, raue Wolle. Das Fell der erwachsenen Tiere ist grau bis blaugrau – vereinzelt sind auch schon einmal bräunliche Stellen zu sehen. Wenn die knuddeligen Lämmer dieses Landschafes nach einer Tragzeit von etwa 150 Tagen auf die Welt kommen, sind sie völlig schwarz. Bei ausgewachsenen Tieren findet sich diese Farbe nur noch am Kopf und an den Beinen wieder.

Die Pommerschen sind sehr genügsame Tiere. Ihre Wolle macht sie nämlich zu echten Allwetterschafen. In der Wolle dieses Tieres finden sich Kurzhaare. Dadurch entstehen hautaktive Luftzwischenräume, die dem Schaf bei der Regulierung seines Wärmehaushalts helfen. Die Wolle schützt nicht nur das Schaf optimal – sie eignet sich auch hervorragend zur Herstellung von witterungsfesten Pullovern!

Die Wolle hat nur einen entscheidenden Nachteil: Sie ist sehr rau und lässt sich aus diesem Grund nur schlecht vermarkten. Heutige Bauernhöfe sind Industriebetriebe, die gewinnorientiert arbeiten müssen. Da hat das Pommersche Landschaf durch seine raue Wolle natürlich schlechte Karten. Seit Anfang des 19. Jahrhunderts haben sich die Bestände der Pommerschen so dramatisch reduziert, dass die Gesellschaft für bedrohte Haustierrassen diese Landschafrasse auf die Rote Liste gesetzt hat. Durch die Zucht der Rauwolligen Pommerschen Landschafe auf Meyers Hof möchte der *Erlebnis-Zoo Hannover* seinen Beitrag zum Erhalt dieser sehr selten gewordenen Schafe leisten. ●

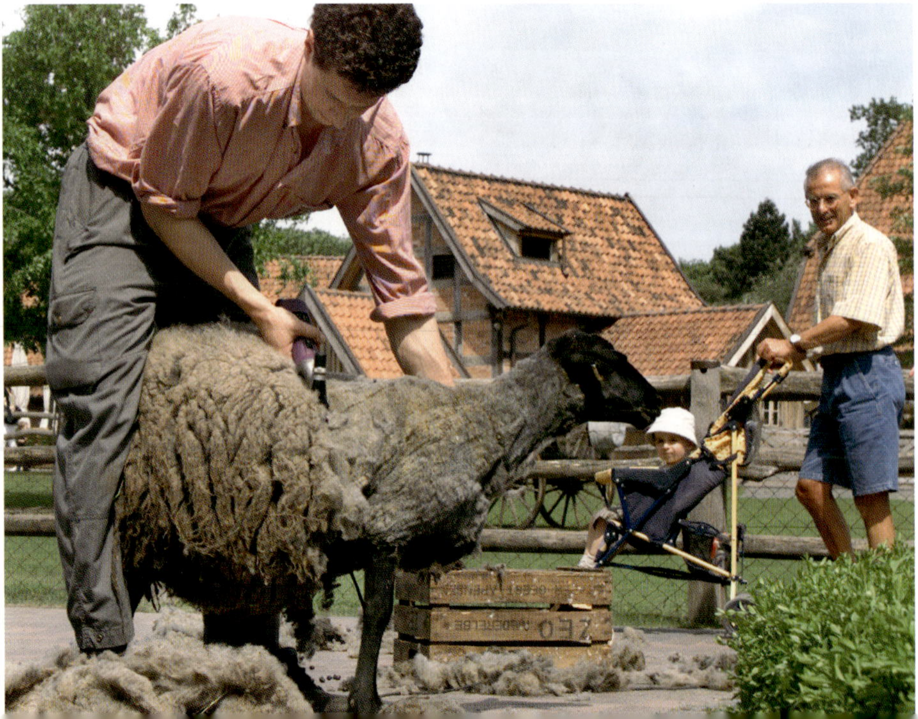

Alle als Haustiere gehaltenen Rinder stammen vom Ur- oder Auerochsen ab. Dieses Urrind hat sich vor etwa 200 000 Jahren von Indien aus bis nach Europa verbreitet. Ursprünglich wurden Rinder nur als Fleischlieferanten gezüchtet. Bald wurde aber ihr gesamtes Potential erkannt, und sie wurden auch als Arbeitstiere eingesetzt. Schwarzbunte Rinder bilden heute die am häufigsten vertretene Rasse der Erde – doch mit der Altdeutschen Schwarzbunten präsentiert der Erlebnis-Zoo Hannover eine echte Rarität. Der Bestand dieses Rindes ist nämlich stark gefährdet!

Die Nahrung einer Kuh hat einen langen Weg vor sich. Zunächst wandert das Gras direkt in den oder besser gesagt die Mägen. Im Gegensatz zu uns Menschen sind Rinder Wiederkäuer. Sie verfügen über drei Vor-

mägen, der erste ist der „Pansen". Dieser kann ein Fassungsvermögen von beachtlichen 180 Litern haben! Hier wird die Nahrung gesammelt, angewärmt und vergoren. Von hier aus geht es weiter in den zweiten Vormagen, den „Netzmagen". In dessen gitterartigen Falten wird der Nahrungsbrei zu Kügelchen geformt. Etwa 45 Minuten später geht es für die Nahrung wieder zum Startpunkt zurück: Die Kügelchen werden in die Mundhöhle zurückgeschleudert, sorgfältig zerkleinert und anschließend erneut geschluckt. Ziel ist diesmal der „Blättermagen". Hier wird der Nahrungsbrei ausgepresst und zerrieben. Und weiter geht es in den Hauptmagen, den „Labmagen", in dem dann endgültig die chemische Aufbereitung beginnt. Über die Wände des Dünndarms werden die Nährstoffe in die Blutbahn abgegeben. Innerhalb eines Tages kauen Kühe übrigens bis zu 15 mal wieder! ●

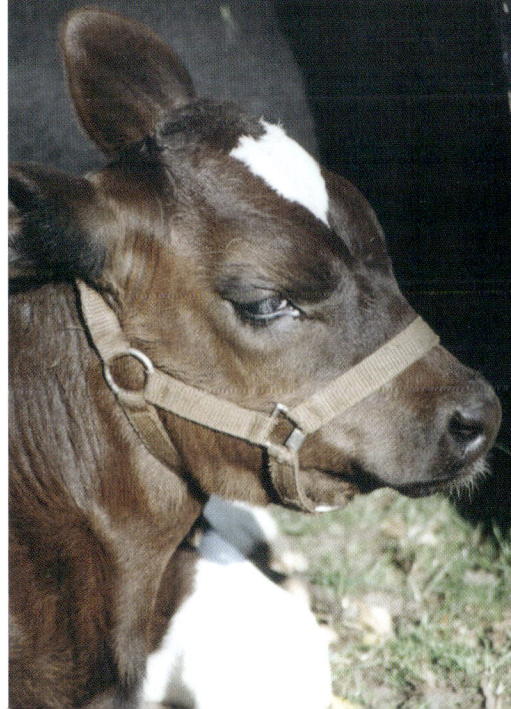

Exmoor-Pony

Zäher Engländer

Das Exmoor-Pony stammt ursprünglich aus England. Seine Vorfahren waren wahrscheinlich Ponys, die in der Bronzezeit durch keltische Einwanderer nach Großbritannien gebracht wurden. Seit dem 11. Jahrhundert lebt das Pony halbwild in Exmoor. Dieses ehemalige Hochmoor liegt im Norden der Grafschaften Devon und Somerset im Süd-Westen Englands. Das Exmoor ist heute größtenteils kultiviert worden. Nur an einigen Stellen finden sich hier Moor und Heideflächen, in denen die Exmoor-Ponys leben.

Die ursprüngliche Pferderasse gilt als direkter Nachfahre der eiszeitlichen Urponys. Das Exmoor-Pony hat ein dunkles Fell mit hellen Stellen an den Innenseiten der Vorder- und Hinterschenkel, am Bauch sowie rund um die Augen. An seinem Hinterkopf befindet sich eine üppige schwarze Mähne. Es hat einen stämmigen Körperbau, ist außerordentlich zäh und widerstandsfähig. Dank seiner Agilität und Reaktionsfähigkeit ist es hervorragend als Reitpony geeignet. Seine große Ausdauer macht es ebenfalls zu einem idealen Kutschenpony. Die zurückgesetzten Schultern verleihen dem Pony eine sehr große Trittsicherheit.

Alle Pferde bringen im Normalfall nur ein Fohlen zur Welt – auch die Exmoor-Ponys bilden da keine Ausnahme. Das neugeborene Fohlen wird von seiner Mutter ständig geleckt – dadurch nehmen die Tiere den individuellen Geruch des jeweils anderen auf, was die Bindung zwischen Mutter und Kind sehr verstärkt. ●

Schweizerisch-deutsche Herkunft

Ende des 19. Jahrhunderts führten Ziegenzüchter Toggerburger Ziegen aus der Schweiz nach Thüringen ein. Durch Kreuzungen mit einer einheimischen Rasse wollte man deren Milchproduktion erhöhen. Diese Versuche waren von Erfolg gekrönt: Aus den Kreuzungen entstand die Thüringer Toggenburgerziege. Diesen Namen musste sie allerdings im Jahr 1935 ablegen. Auf Drängen der Nationalsozialisten wurde sie in Thüringer Waldziege umbenannt. Das Hitler-Regime duldete keinen Hinweis auf die ausländische Herkunft dieser Ziege.

Die Namensänderung änderte aber nichts an der Beliebtheit dieser Rasse. Sie wurde wegen ihrer hohen Milchproduktion sowie der häufigen Mehrlingsgeburten geschätzt.

Heute hingegen leben in ganz Norddeutschland nur noch 50 Thüringer Waldziegen. Mit insgesamt nur etwa 200 weiblichen Tieren ist diese Nutztierrasse akut vom Aussterben bedroht.

Rauhes Klima? Kein Problem!

Die erwachsenen Tiere erreichen eine Größe von bis zu 85 Zentimetern, bei einem Gewicht zwischen 40 und 75 Kilogramm. Ihr hell- bis dunkelbraunes Fell besteht aus kurzen, glatt anliegenden Haaren. Die Ziegen sind äußerst widerstandsfähig. Das raue Klima des Thüringer Waldes, das sich durch reichlich Regen und harte Winter auszeichnet, setzt ihnen nicht besonders zu. Diese Thüringer Waldziegen werden dort auf einer Höhe von bis zu 1 000 Metern gehalten. •

Das Rotbunte Husumer Protestschwein stammt vom Angler Sattelschwein ab. Es hat ein rötlich-braunes Fell mit großen weißen Flecken. In früheren Zeiten wurden diese Tiere als Weideschweine bevorzugt in der Landschaftspflege eingesetzt. Mittlerweile sind sie allerdings vom Aussterben bedroht.

Dabei sind die Rotbunten echte Allround-Talente, doch als Fleischlieferant heute nicht mehr gefragt. Das Fleisch dieser Schweine hat einen so hohen Fettanteil, dass der gesundheitsbewusste Konsument von heute dieses Fleisch meidet. Daher sind diese Tiere heute immer seltener auf Bauernhöfen zu finden und werden eigentlich nur noch von Liebhabern dieser Rasse gezüchtet. Der *Erlebnis-Zoo Hannover* leistet mit der Zucht der Rotbunten Husumer Protestschweine auf Meyers Hof seinen Beitrag zur Erhaltung dieser seltenen Rasse.

Aber wie kommen die „Protestschweine" eigentlich zu ihrem sonderbaren Namen? Im Jahr 1864, als der dänisch-deutsche Krieg seinen Höhepunkt erreichte, wurden die damals zu Dänemark gehörenden Herzogtümer Schleswig und Holstein von preußischen und österreichischen Truppen besetzt. Die neuen Besatzungsmächte untersagten der in Schleswig und Holstein lebenden dänischen Minderheitsbevölkerung, die dänische Landesflagge in ihre Gärten zu stellen und so ihre Sympathie Dänemark gegenüber zu demonstrieren.
Die Bauern waren aber nicht auf den Kopf gefallen. Wenn sie schon nicht die rot-weiße dänische Fahne aufstellen durften, hielten sie sich aus Protest einfach die rot-weißen Schweine in ihren Vorgärten.
Und das brachte dem Rotbunten Husumer Protestschwein dann auch die Bezeichnung „Dänisches Protestschwein" ein. •

Gemütlich, lecker, urig

Atmen Sie tief durch, blicken Sie auf grüne Wiesen, schnatternde Gänse und tauchen Sie ein in die ländliche Idylle – mitten in Hannover! Meyers Hof beheimatet seltene Haustierarten und bietet gestressten Städtern gemütliche Ruhe und norddeutschen Genuss.

Im Mittelpunkt dieses kleinen Stückchens Niedersachsen steht das Gasthaus Meyer, das favorisierte Restaurant für regionaltypische Schlemmereien in Hannover.

Untergebracht ist das Restaurant in einem Fachwerkhaus aus dem Jahr 1669. Der stattliche Zwei-Ständer-Fachwerkbau, verziert mit einem prächtigen Giebel, stand früher in Dudenbostel bei Hoya. Dort wurde er sorgsam abgetragen und Stein für Stein im Erlebnis-Zoo Hannover originalgetreu wieder aufgebaut.

Genuss auf norddeutsch

In dem rustikalen Gebäude erwartet Sie norddeutsche Gastfreundschaft und Herzlichkeit. In urig-gemütlichem Ambiente zeigt die Speisekarte Niedersachsen von seiner besten Seite. Der Chefkoch vom

Gasthaus Meyer serviert regionaltypische Köstlichkeiten nach Saison – kosten Sie, was die Jahreszeiten kulinarisch zu bieten haben! Wenn es draußen klirrend kalt ist, können Sie sich am knisternden Kaminfeuer wärmen und knusprige Gans oder saftigen Grünkohl genießen. Zur Osterzeit werden zarte Lamm-Spezialitäten aufgetischt.

Im Frühjahr steht feiner Spargel hoch im Kurs und im Sommer lässt der Chefkoch seiner Kreativität in Pilz-Gerichten freien Lauf, während sich im Herbst alles um Wild-Spezialitäten dreht. Natürlich kommen auch Naschkatzen auf den Geschmack – Omas Rote Grütze oder hausgemachte Pfannkuchen lassen allen Dessert-Liebhabern das Wasser im Mund zusammen laufen!

Gastronomie auf Meyers Hof

Gemütlich, lecker, urig

![Meyers Hof](Gebäude mit Teich)

Beste Meyer-Qualität

Gehen Sie auf kulinarische Rundreise durch Niedersachsen und kosten Sie die Köstlichkeiten des Landes. Kennen Sie zum Beispiel die Hochzeitssuppe? Und wussten Sie, was für eine tolle Knolle die Kartoffel ist? Unendlich lässt sie sich zu den unterschiedlichsten Gerichten variieren. Die Leibspeise von Bauer Meyer ist übrigens saftiger Heidschnuckenbraten in Bärlauchsoße mit Rahm-Wirsing und Salzkartoffeln. Er garantiert: „Wir verwenden ausschließlich das Fleisch von Heidschnucken aus artgerechter Haltung. Die Tiere stammen aus einer Herde in Bad Fal-

lingbostel." Die Milch stammt übrigens vom Milchhof Hemme aus der Wedemark. In der Küche des Gasthaus Meyer werden eben frische Zutaten in bester Qualität verarbeitet. Und das schmeckt man auch!

Übrigens: Wenn sich die Tiere im Zoo in ihre Ställe zurückziehen (im Sommer ab 18 Uhr, im Winter ab 16 Uhr), öffnet das Gasthaus Meyer sein großes schmiedeeisernes Tor, um den direkten Zugang vom Zooparkplatz aus zu ermöglichen. Denn nach Sonnenuntergang geht es in der Küche erst richtig rund und die Köche vom Gasthaus Meyer laufen zur Höchstform auf!

Gemütlich, lecker, urig

Feste feiern

Auf Meyers Hof haben Sie viele Möglichkeiten: Hochzeiten im Kammerfach des Gasthaus Meyer, urige Firmenevents in Meyers Festscheune oder runde Geburtstage in Hannovers originellster Kneipe, Bauer Meyers Alter Werkstatt, bieten alles, was Ihren Anlass zum rauschenden Fest macht!

Von Mai bis Oktober ist Meyers Biergarten geöffnet. Lassen Sie laue Sommerabende mit einem frisch gezapften, kühlen Bier ausklingen. Knackige Bratwurst, knusprige Brezeln und leckere Flammkuchen stillen den Hunger – ein Vergnügen für die gesamte Familie: Während Sie es sich so richtig gut gehen lassen, können sich die Kleinen auf dem großen Abenteuerspielplatz direkt neben dem Biergarten austoben. ●

Gasthaus Meyer

ECHT · TYPISCH · GEMÜTLICH

Dort wo Hannover echt ländlich is(s)t!

So schmeckt Niedersachsen! Gasthaus Meyer ist das favorisierte, regionaltypische Restaurant in Hannover. Neben der authentischen Atmosphäre eines alten Bauernhauses können Sie zu jeder Jahreszeit saisonale Köstlichkeiten genießen.

Nach Zooschluss geöffnet für alle • Eingang Zoo-Parkplatz
Tel. 0511 85 62 66-200 • gasthaus-meyer@zoo-hannover.de • www.gasthaus-meyer.de

Shows

Shows

Tierische Talente

Viele Tiere kennt man höchstens aus Dokumentarfilmen, und selbst heimische Tiere sind den meisten Menschen heute nahezu unbekannt. Um den Besuchern diese Tiere und ihre Fähigkeiten näher zu bringen, zeigt der Erlebnis-Zoo Hannover verschiedene Tiershows.

Biologie-Unterricht einmal ganz anders – zum Lachen, Mitmachen und Nachdenken

Durch die täglichen Auftritte und das Training werden gleichzeitig die Zoo-Tiere gefördert und beschäftigt, indem ihre natürlichen Talente entdeckt und herausgestellt werden.

So wie im echten Leben

Für die Shows im *Erlebnis-Zoo Hannover* wird keinem der Tiere irgendein Trick beigebracht. So findet man hier mit Sicherheit keine Papageien, die auf kleinen Fahrrädern über die Bühne radeln! Alles, was die Tiere in den Shows zeigen, entspricht ihren natürlichen Verhaltensweisen.

In den Shows treten Stinktiere auf, die nicht stinken, naseweise Nasenbären, die sich ihren Weg durchs Leben näseln, sportliche

Seelöwen, freche Papageien und edle Greifvögel. Sie alle haben besondere Talente, die sie den Besuchern vorführen.

Zudem verraten die Tiertrainer Tricks und Kniffe. Wie bringt man einem Huhn bei, einem Besucher hinterherzulaufen ohne dass Futter im Spiel ist? Wieso legt sich ein Papagei freiwillig auf den Rücken und bleibt brav liegen – obwohl sich der Tierarzt nähert? Diese und viele andere interessante Infomationen erfährt man während der Shows und Fütterungen auf unterhaltsame Art und Weise ●

Parkscout-Tipp

Mit acht Shows und 21 kommentierten Fütterungen am Tag informiert der Zoo in der neuen Saison seine Besucher über das Leben der Tiere!

Das aktuelle Highlight ist sicherlich die Fütterung der Eisbären vom Yukon Bay-Wahrzeichen, dem weithin sichtbaren Kran aus.

Die aktuellen Zeiten aller Auftritte stehen im Internet unter www.zoo-hannover.de und in den Info-Foldern, die Sie im Zooeingang erhalten.

Vorstellung der Elefantenfamilie

Wissenswertes zu den grauen Riesen

Elefanten faszinieren von jeher Groß und Klein, Jung und Alt. Die grauen Riesen im Erlebnis-Zoo Hannover bevölkern den wundervollen Themenbereich Dschungelpalast, der den Besuchern gestattet, sehr nah an die mächtigen Tiere zu gelangen.

Mit der etwa zehnminütigen „Vorstellung der Elefanten" trägt der Zoo dem Wunsch der Besucher Rechnung, mehr über die behäbig wirkenden Tiere zu erfahren. Die Vorstellung findet täglich zwischen 10.30 und 17.30 Uhr statt und wird alle zwei Stunden wiederholt. Samstags, sonn- und feiertags sowie in den niedersächsischen Schulferien sogar stündlich.

Erfahrene Tierpfleger oder Scouts erzählen welche Tiere auf der Anlage zu sehen sind, beschreiben ihre Besonderheiten und Eigenarten. Auch allgemeine Informationen über die gemütlichen Rüsselschwinger fehlen dabei nicht. Wer sich für Elefanten interessiert, ist hier absout richtig. ●

Tierisch gute Shows

Tiere und Talente

Die große Showarena liegt gleich links vom Sahara Conservation Center. In der großen Anlage mit über 800 Plätzen zeigen ausgefallene Tiere ihre ungewöhnlichen Talente in drei verschiedenen Shows: „Tierische Rekorde", „Alle Tiere sind Stars" und „Dr. Zoolittle".

In den Shows präsentieren sich neben edlen Greifvögeln, bunten Papageien und niedlichen Nasenbären auch liebenswerte Tiere, die nor-malerweise nicht die Chance erhalten, ihre besonderen Fähigkeiten einem großen Publikum vorzustellen. Bei diesen Shows, die nicht nur zum Zuschauen, sondern auch zum Mitmachen sind, dürfen sich die Besucher auf Reptilien, Hühner, Gürteltiere und Kröten freuen!

Da hier kein Tier gezwungen wird, sind die Showinhalte extrem variabel. So zeigt beispielsweise der Gänsegeier seine Spannweite

von 2,60 Meter, Uhu und Steppenwaran folgen dem Fingerzeig der Tiertrainer, Nasenbär Manolo spürt versteckte Dinge auf und demonstriert damit seinen aussergewöhnlichen Geruchssinn.

Manolo ist übrigens auch für seine außergewöhnliche Geschicklichkeit bekannt: auf Kommando erklimmt er eine hohe Bambusstange, macht kopfüber wieder kehrt oder balanciert auf dem Rand eines Wasserbeckens.

Achtung: Los Banditos

Beim Publikum höchst beliebt sind auch die „Los Banditos": die 6 Gelbbrustaras zeigen ihre Flugkünste, machen spektakuläre Wettflüge, plündern Leckerlis, räumen Spielzeugkisten aus oder legen sich auf Kommando auf den Rücken.

Auch die kleinen Besucher können interaktiv an der Show teilnehmen. Die Mutigen unter den jungen Tierfans können einen vier Meter langen Tigerpython über ihre Beine schlängeln lassen. Eine unvergessliche Mutprobe der besonderen Art – und im Zoo ungefährlich noch dazu. Apropos Schlangen: Die typischen Merkmale und Lebensweisen der Korn- und Königsnatter werden den Showgästen auch am lebenden Anschauungsmaterial näher gebracht.

Keine Sorge: Wenn Sie es etwas weniger aufregend mögen, kommen Sie auch auf Ihre Kosten. Lassen Sie sich von den Lannerfalken – die sogar auf der Hand eines Besuchers landen – faszinieren und beobachten Sie wie der Wüsten- und Blaubussard knapp über das Publikum hinweg fliegt. Oder streicheln Sie doch mal das Stinktierpärchen Thymian und Lavendel – neben den charmanten Namen besitzen beide das große Talent, garantiert nicht zu stinken. ●

Leben in Yukon Bay

Tierisch belebter Hafen

Die neue Show im Themenbereich Yukon Bay widmet sich dem Hafenleben. Die Tiere Nordamerikas stehen hierbei absolut im Mittelpunkt.

Vor der prächtigen Kulisse der neuen Yukon-Themenwelt kann das Publikum eine Show rund um einen typischen Tag am Hafen erleben. Hier lernt man beispielsweise die Mackenzies kennen. Früher lebte die aus Irland nach Kanada eingewanderte Familie vom Walfang, heutzutage sind sie dem Naturschutz verpflichtet und haben sich dem sogenannten „Whale Watching" verschrieben.

Ein typischer Hafenalltag

Authentisch gekleidete Hafenarbeiter durchqueren die Robbenanlage, pardon, gemeint ist natürlich das Hafenbecken, und ein komischer Kauz namens Fuzzy erzählt erstaunliche Geschichten. Wie er das beweisen will, bleibt vorerst sein Geheimnis, das aber selbstverständlich – auf überaus erheiternde Weise – während der Show gelüftet wird.
Genießen Sie zu Beginn der Show den fantastischen Ausblick vom Yukon Stadium über den Hafen mit den Robben, Pinguinen und Eisbären.

Robben sind die Stars

Die Hauptdarsteller sind und bleiben aber selbstverständlich die Tiere. Während der kurzweiligen Show betreten beispielsweise die verschiedenen Robbenarten die Bühne. Vor allem die Seelöwen Pamela, Summer, Petzi und Lizzy beweisen auf verschiedenste Art und Weise ihr aussergewöhnliches Geschick und Können. Die gelehrigen und unterhaltsamen Tiere sind die Topstars im „Leben in Yukon Bay"

Neben den verschiedenen Robbenarten haben auch die bis zu 275 Kilogramm schweren Karibus ihren gewichtigen Auftritt – lassen Sie sich einfach überraschen.
Zum Abschluss der Show tanzen die Seelöwen gemeinsam mit den Besuchern zur Yukon Bay Hymne.

Diese Show darf man einfach nicht verpassen – bringen Sie direkt am Eingang zum Zoo in Erfahrung, zu welchen Zeiten das „Leben in Yukon Bay" stattfindet. ●

Bauer Meyers Haustiershow

Talentierte Haustiere

Das Landleben ist nicht immer nur ruhig und idyllisch, sondern kann manchmal ganz schön aufregend sein – und lehrreich sowieso. Einen Einblick in das bunte Treiben auf einem Bauernhof gewährt die neue Show, die auf der großen Koppel auf Meyers Hof stattfindet.

Die Tierpfleger kleiden sich für Meyers Haustiershow in eine typisch bäuerliche Tracht und präsentieren auf unterhaltsame Art und Weise die Besonderhetein und Merkmale der altdeutschen, vom Aussterben bedrohten Haustiere.

Intererssantes Bauernhofleben

Die Besucher werden nicht nur Zeuge, wie die Ziegen zur Höchstform auflaufen und zeigen, wie gut sie wirklich klettern können. Sie erfahren zum Beispiel auch, was der Unterschied zwischen Ziegen und Schafen ist. Den Pommerschen Landschafen zeigt der Hund des Bauern – ein sogenannter Harzer Fuchs – auf eindrucksvolle Weise, wo ihre Grenzen sind.

Neben dem Ramelsloher Huhn und dem Deutschen Lachshuhn haben auch die Rotbunten Husumer Protestschweine ihren Auftritt in der Haustierhow – wortwörtlich im Schweinsgalopp mit wehenden Schlappohren. Natürlich wird auch verraten, wie die Schweine an ihren doch recht ungewöhnlichen Namen gekommen sind – ein wirklich interessante Geschichte.

In dieser Show sind allerdings nicht nur die Tiere und Pfleger in Aktion: Das Publikum wird in das muntere Treiben voll mit einbezogen. Da sind unvergessliche Momente vorprogrammiert, von denen vor allem die kleinen und kleinsten Besucher noch lange erzählen werden. ●

Tierfütterungen

Wie und vor allem was fressen Tiere?

Sie haben die tierischen Stars des Erlebnis-Zoo Hannover ja nun etwas besser kennen gelernt. Sie konnten die Tiere nicht nur in ihren Gehegen erleben, sondern auch in den unterhaltsamen Shows, bei denen allerlei Informationen über die Tiere und ihre Verhaltensweisen vermittelt werden. Nun stellt sich noch die Frage: Was und wie fressen sie?

Bis zu 20 kommentierte Fütterungen können die Besucher im ganzen Zoo von A wie Affe bis Z wie Zebra beobachten. Die Pfleger informieren bei den Fütterungen über ihre tierischen Schützlinge und erzählen so manch nette Geschichte über deren besondere Charaktere.

Die Flusspferde Himba und Cherry spielen und toben gern stundenlang (während die anderen lieber dösen), Pelikan Olli ist der frechste der Truppe, Schimpansenchef Max muss immer als erstes bedient werden – sonst gibt es Ärger im Affenclan!

Zweimal in der Woche gehen die Mitarbeiter des Futter-Magazins auf dem Großmarkt für ihre tierischen Kollegen einkaufen. Eine bunte Mischung aus Gemüse, Kräutern und Obst steht auf ihrer Einkaufsliste.
Für die Tiere im Sambesi wird eine extra große Menge Salat eingekauft, denn während der Flusspferd-Fütterung werden keine halben Sachen gemacht: Bei den Schwergewichten verschwinden die Salatköpfe komplett im Maul.

Bei der täglichen Schimpansen-Fütterung werfen die Tierpfleger ihren Schützlingen

Tierfütterungen

Wie und vor allem was fressen Tiere?

Äpfel, Möhren und Bananen zu. Die Menschenaffen können sehr geschickt fangen – und auch werfen! Vorsicht: Manche Möhre fliegt schon mal zurück. Die Pelikane hingegen lassen sich deutlich einfacher zufrieden stellen: Ihre Lieblingsspeise ist und bleibt nun mal frischer Fisch – davon können Sie sich vor Ort überzeugen.

Papageien selber füttern

Die kleinen Papageien im Tropenhaus können Sie gegen ein geringes Entgelt sogar selber füttern: Halten Sie dann einen kleinen Becher gefüllt mit einem speziellen Lori-Trinksaft in der Hand, fliegen die Papageien auf Sie wie Bienen auf Honig! Manchmal werden bis zu fünf Papageien auf Ihrem Arm sitzen. Bei der Fütterung zeigt sich übrigens auch die besondere Trink-Technik der Loris: Ihre Zunge ist vorne wie ein Pinsel aufgefächert. Mit dieser Pinselzunge können sie

Nektar und Pollen der Blumen hervorragend aufnehmen. Im Tropenhaus müssen die Loris natürlich nicht so anstrengend von Blüte zu Blüte flattern, schließlich reichen die Zoobesucher ihnen ja zur Mahlzeit buchstäblich den Arm!

In der Anlage der Wölfe darf es da ruhig etwas deftiger zugehen. Bei ihnen steht frisches Fleisch weit oben auf dem Wunschzettel, allerdings nicht ausschließlich: Der Wolf nimmt auch durchaus pflanzliche Nahrung zu sich. Das wird während der Fütterung deutlich, die von den jeweiligen Tierpflegern kommentiert wird.

Die kleinen Zoobesucher können auf Meyers Hof aktiv werden und die Fütterungen nicht nur beobachten, sondern sogar dabei helfen. Die rotbunten Protestschweine warten schon gierig auf die gesunden Köstlichkeiten und bedanken sich mit zufriedenem Grunzen bei den kleinen Helfern. ●

Artenschutz

Ein Wettlauf mit der Zeit...

Weltweit gibt es schätzungsweise zwischen vier und zehn Millionen Tier- und Pflanzenarten. Davon sind bis heute nur die wenigsten bekannt, denn erfasst wurden nur ungefähr 300 000 Pflanzen- und 1,4 Millionen Tierarten.

Und auch von den erfassten sind seit Beginn der Aufzeichnungen viele schon wieder ausgestorben. Die Forschung in diesem Bereich gleicht also fast einem Wettlauf gegen die Zeit. Gründe für das Aussterben können vielfältig sein: Während etwa das Verschwinden der Dinosaurier vermutlich durch einen gewaltigen Meteoriteneinschlag und den dadurch verursachten Klimawechsel her-

vorgerufen wurde, starben weitere Tierarten im Laufe der Geschichte immer wieder auf natürliche Weise aus. Die Natur regulierte sich seit Jahrmillionen eigentlich selbst und wird erst jetzt durch den Menschen, der eine wirklich unberechenbare Gefahr für die Pflanzen und Tiere auf unserer Erde geworden ist, in ihrem Gleichgewicht bedroht.

Gefahr durch den Menschen

Wurden zunächst Tiere nur zur Nahrungssuche gejagt, waren bald Felle und Trophä-

Neu in der Sahara in Tunesien: Antilope „Fiene" aus Hannover

en wie Stoßzähne und Hörner Grund für das Töten. Doch auch das Abholzen der Regenwälder oder ein stetig wachsender Schadstoffausstoß machen es der Natur nicht eben einfach. Die Folge: Dutzende Arten verschwinden täglich für immer von unserem blauen Planeten.

Längst haben sich darum Tierparks, Forscher und Organisationen, die sich der Wissenschaft und dem Artenschutz verschrieben haben, an die Aufgabe gemacht, einzelne Tierarten zu retten – sei es durch Jagdverbote oder das rigorose Vorgehen gegen Wilderer auf der einen Seite und Umweltsünder auf der anderen Seite. Auch wenn es leider nicht gelingen wird, sämtliche Arten zu erhalten, zeigt jedoch das Engagement, dass die Natur ein schützenswertes Gut ist, das für spätere Generationen unbedingt bewahrt werden muss.

Zoos als Arche Noah

Weltweit versuchen Zoos und Tierparks ihren Teil dazu beizutragen, dass es auch zukünftig noch möglich ist, sich an pelzigen, schuppigen oder gefiederten Tieren zu erfreuen. Jeder Zoo für sich kann hier natürlich nur ein Tropfen auf den heißen Stein

Der Erlebnis-Zoo untestützt unter anderen auch das Europäische Erhaltungszuchtprogramm für die Drills.

Ein Wettlauf mit der Zeit...

Erhaltungszucht-Programme

Im Erlebnis-Zoo Hannover werden die Zuchtbücher für die Addax, Dikdiks, Pferdeantilopen und die Hulman-Languren geführt.

Folgende Europäische Erhaltungszuchtprogramme unterstützt der Zoo außerdem:

- Bergzebra
- Kaiserschnurrbart-Tamarin
- Schopfgibbon
- Westlicher Flachlandgorilla
- Sumatra Orang-Utan
- Asiatischer Elefant
- Persischer Leopard
- Amur Tiger
- Somali-Wildesel
- Spitzmaulnashorn
- Drill
- Kleiner Panda
- Rothschildgiraffe
- Vikunja
- Andenkondor
- Bartgeier
- Brillenpinguin
- Dorcas Gazelle

sein – jedoch mit vereinten Kräften schafft man so manche Art zu erhalten. Aus Forschung und Erfahrungen mit der Aufzucht verschiedener Arten wurden über die Jahre spezielle Erhaltungsprogramme entwickelt, mit denen nicht nur zahlreiche Nachzüchtungen bedrohter Tierarten gelingen, sondern sogar Auswilderungen in die Herkunftsländer der einzelnen Tiere ermöglicht werden. Um effektiver arbeiten zu können, spezialisieren sich die Zoos.

Der *Erlebnis-Zoo Hannover* kämpft besonders für den Erhalt der Addax-Antilopen – 100 Antilopen konnten in Nordafrika wieder ausgewildert werden. Über das „Projekt Addax" informiert im übrigen das Sahara Conservation Visitor Center im Zoo. Hier werden auf

Ein Wettlauf mit der Zeit...

ungewöhnliche Weise die Bedrohung der Antilopen und die Auswilderungsaktionen des Erlebnis-Zoos dokumentiert. Das Center ist Teil der Wüstenanlage für die Antilopen, die im März 2009 – thematisiert wie eine verlassene Wüstenburg mit großem Festungsturm – eröffnet wurde.

Insgesamt beteiligt sich der Zoo Hannover an 21 Europäischen Erhaltungszuchtprogrammen. Eines davon schützt die wunderschönen Bartgeier – deren Überleben vor wenigen Jahrzehnten noch „am seidenen Faden" hing. Heute fliegen Bartgeier wieder frei über den Alpen. Einige von ihnen kamen in Hannover zur Welt.

EEP – Das Europäische Erhaltungszuchtprogramm

Eine Spezialisierung der einzelnen Zuchtprogramme setzt natürlich voraus, dass eine Organisation der Kompetenzen und Verständigung untereinander gewährleistet ist. Die EAZA, die Europäische Vereinigung von Zoos und Aquarien, verwaltet die Zucht von über 120 bedrohten Tierarten in sogenannten EEP's, den Europäischen Erhaltungszuchtprogrammen. Für jede Tierart gibt

Bilder links: Der Zoo unterstützt die EEP für Bergzebra, Rothschildgiraffe, Leopard und Somali-Wildesel.
Unten: Über die Addax-Antilopen informiert das Sahara Conservation Visitor Center.

Ein Wettlauf mit der Zeit...

es einen EEP-Koordinator, der Zuchtempfehlungen gibt, Nachwuchs vermittelt, neue Gruppen zusammenstellt und Richtlinien für die artgerechte Haltung der jeweiligen Tierart erarbeitet.

Zudem werden Analysen angefertigt, wie sich diese Tierart in genetischer Hinsicht in den nächsten Jahrzehnten entwickeln muss, um vor dem Aussterben bewahrt zu werden. Hierzu werden die genauen Daten der vorhandenen Tiere in speziellen Computerprogrammen archiviert und bearbeitet. So wird dafür gesorgt, dass eine größtmögliche genetische Vielfalt trotz der begrenzten Tierzahl in den Zoopopulationen erhalten bleibt. Heute sind über 300 Zoos in fast allen Ländern Europas an den EEPs beteiligt.
In Hannover werden die EEP und Zuchtbü-

cher für Addax-Antilopen und Pferdeantilopen koordiniert und geführt.
Darüber hinaus gibt es Tiere, die in den „European Regional Studbooks" (ESB) verzeichnet werden. Die ESB registrieren die Daten von Tieren innerhalb von Europa, die keinem EEP angehören. In Hannover werden zusätzlich die ESB für Hulman-Languren und Zwergrüssel-Dikdiks geführt.

Folgende Arten sind des Weiteren in Hannover in ESBs verzeichnet: Zweifinger-Faultier, Katta, Kleiner Kudu, Flachland-Nyala, Gänsegeier, Hornrabe, Känguru der Gattung Macropus ssp., Kalifornischer Seelöwe, Blessbock, Sumpfwallaby, Haubenlangur, Marabu, Nimmersatt, Flusspferd, Paradieskranich. ●

Bedroht: Der Kleine Panda

Hinter den Kulissen

Es gibt viel zu tun...

Jeden Morgen erwacht der Zoo auf ein Neues. Aber nicht erst wenn die ersten Besucher eingelassen werden oder wenn der Zoodirektor sein Büro betritt, beginnt der Zootag, denn die tierischen Bewohner der Zoos kennen keinen Stundenplan und keine Bürozeiten. So sind es auch die Tierpfleger, die jeden Morgen früh aufstehen und als erste den Zoo betreten. Routine-Checks und die ersten Fütterungen stehen auf dem Programm.

Ab 7.00 Uhr

Der erste Blick am Morgen gilt natürlich den Tieren in ihren Stallungen. Sind alle wohlauf, fehlt es einem Tier an irgendetwas? Steht möglicherweise eine Geburt in den nächsten Stunden an? Nach den ersten Le-

ckereien und Streicheleinheiten schauen die Pfleger in die jeweiligen Außengehege. Sind alle Zäune in tadellosem Zustand, sind alle Scheiben intakt und sauber? Danach wird jedes Gelände gereinigt und geharkt, damit sich die Tiere nicht nur wohlfühlen können, sondern sich auch im besten Glanz präsentieren können.

8.00 Uhr

Der Futtermeister des Zoos beginnt seine Arbeit. Für jeden Abschnitt im Zoo, „Revier" genannt, werden die verschiedenen Rationen und Portionen zusammengestellt. Steht heute für irgendjemanden etwas besonde-

Zoo-Inspektor Klaus Brunsing prüft auf dem Großmarkt die Qualität der Früchte.

res auf dem Speiseplan? Bekommen die Flusspferde vielleicht gerade eine spezielle Diät, die der Doktor angewiesen hat? Von der Futterstation werden die einzelnen Reviere beliefert. Die Tierpfleger füllen damit die Tröge, aber oft wird das Futter auch versteckt. Zu leicht will man es keinem Tier machen, denn in der Wildnis steht die Nahrung auch nicht immer am selben Platz in einem Trog.

8.30 Uhr

Im Elefantenhaus ist es jetzt Zeit für das morgendliche Waschen. Den Elefanten gefällt es besonders, wenn sie ordentlich eingeseift und mit großen Bürsten kräftig geschrubbt werden. Dabei hören die Tiere ganz genau auf die Anweisungen der Pfleger,

die bei dieser Prozedur auf Englisch mit ihnen reden – denn Englisch ist die Sprache, die alle Elefanten auf der ganzen Welt lernen. Falls ein Tier einmal in einen anderen Zoo umzieht, kommt es so nicht zu Verständigungsproblemen mit den neuen Pflegern.

9.00 Uhr

Nun kommen auch die ersten Besucher in den Zoo, die Kassenhäuschen sind besetzt und auch in der Information warten die freundlichen Service-Mitarbeiter auf die ersten Fragen der Gäste. Die Zoologen und Tierärzte sind zu diesem Zeitpunkt schon

Jeden Morgen wird frisches Obst und Gemüse angeliefert.

Es gibt viel zu tun...

mit ihrer Morgenrunde fertig. Jeder Revierleiter wurde zum Zustand der einzelnen Tiere befragt, Patienten wurden versorgt, und über alles wird Tagebuch geführt – erst handschriftlich, dann werden die Daten in den Computer eingegeben.

10.00 Uhr

Auf dem Gorillaberg werden jetzt die Menschenaffen gefüttert. Gerade sind die Schimpansen dran. Und es gibt etwas mehr als nur die typische Banane, denn die Tiere lieben, schätzen und brauchen die Abwechslung. Heute gibt es zum Beispiel Mangos, Zucchini, Tomaten, Karotten und Fenchel. Bei den jeweiligen Fütterungen erzählen die Pfleger den staunenden Besuchern auch eine ganze Menge über die Eigenschaften und Eigenarten der einzelnen Tiere.

11.00 Uhr

Die Tiere sind gefüttert und erkunden ausgiebig ihre Außenanlagen. Nun sind die Stallungen hinter den Kulissen an der Reihe. Es wird kräftig ausgemistet und ordentlich ausgespritzt. Der Mist der Tiere wird übrigens in grünen Wagen gesammelt, die von einem Traktor abgeholt werden – jedoch nicht einzeln, sondern aneinander gekoppelt wie ein Eisenbahnzug. Je weiter der Traktor seine Runde macht, desto länger wird der Zug.

12.00 Uhr

Die Gärtnertruppe ist mitten in ihrer Arbeit. Heute steht das Ausbessern eines schadhaften Zauns an und später soll im Tigergehege noch neuer Bambus gesetzt werden. Dabei müssen die Gärtner genau aufpassen, denn manche Tiere werden von bestimmten Pflanzen krank. Die Gärtner im Zoo müssen also genau wissen, was welches Tier frisst.

14.00 Uhr

Gleich beginnt die große Tiershow. Der Pfleger überprüft noch einmal sein Showkostüm und vor allem die Leckereien, die die Tiere immer als Belohnung für gelungene Kunststücke erhalten: Paranüsse für die Papageien, Fleischstückchen für die Greifvögel. Nur der Tigerpython braucht keine Ex-

Zoo-Techniker in der Werkstatt

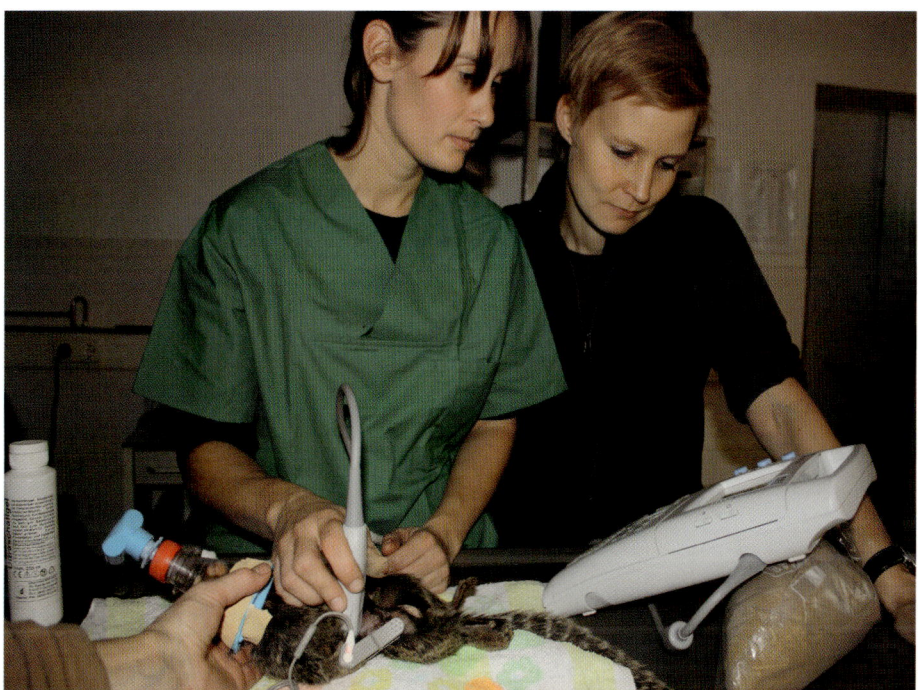

Die Zootierärzte bei der Ultraschalluntersuchung eines kleinen Patienten.

traleckereien – er bekommt nur alle sechs Wochen ein Kaninchen. Um Punkt zwei Uhr öffnet sich der Vorhang: Showtime!

15.00 Uhr

Ein Blick in die Verwaltung: In wenigen Minuten beginnt die wöchentliche Sitzung der Abteilungsleiter. Eine gute Gelegenheit sich untereinander auszutauschen, damit jeder vom neuesten Stand der Dinge unterrichtet ist. Bei 500 Mitarbeitern spielt die Kommunikation im Zoo eine wichtige Rolle.

17.00 Uhr

Der Zoo bereitet sich langsam auf das Ende des Besuchstages und die folgende Nacht vor. Überall wird noch einmal gereinigt, fri-

sches Stroh und Heu ausgelegt und Futter in die Tröge der Tiere gefüllt. In knapp einer Stunde geht es für alle Tiere zurück in die Stallungen.

18.00 Uhr

Auf Meyers Hof fressen die Schweine quiekend und schmatzend Äpfel. Vergnügt helfen gerade die jüngeren Zoogäste bei dieser letzten Fütterung. Doch dann heißt es: Feierabend.
Der Zoo schließt seine Pforten, und die Pfleger bringen die Tiere in ihre Unterkünfte – wieder geht ein erfolgreicher Tag im *Erlebnis-Zoo Hannover* zu Ende. ●

Klare Sicht auf die Hippos

Lautlos gleiten die Sambesi-Boote über den Fluss, Flamingos schnäbeln im Wasser nach Nahrung, Giraffen haben ihren langen Hals zum Trinken geneigt, Flusspferde dösen ruhig am Ufer. Damit Tiere und Besucher das friedliche Leben in der Flusslandschaft Sambesi täglich genießen können, bedarf es hinter den Kulissen einer Menge Technik.

Die Wasserqualität in dem 450 Meter langen Flusslauf sowie in den großen Innen- und Außenbadebecken der Flusspferde muss jeden Tag optimal sein! Gefiltert, gereinigt, geprüft und aufbereitet wird das Wasser im technischen Herzen des Zoos, einer 300 Quadratmeter großen unterirdischen Halle. Mehrere hundert Meter Rohre sind in dieser Halle verlegt. Zwischen Kesseln und Filtern, Armaturen und Dioden, Rohren und Heizungen bleiben nur schmale Wege für die Zootechniker, die den überwältigenden Wasseraufbereitungsmechanismus täglich beherrschen. Der am Eingang ausgehängte Schaltplan der Anlage mit allen Rohren

Modernste Technik sorgt für das Wohlbefinden der Hippos und für klare Sicht auf die Schwergewichte.

Klare Sicht auf die Hippos

Reinigung des Flusspferdbeckens

und Leitungen gleicht einem komplizierten Schnittmuster oder dem U-Bahn-Plan der größten Stadt der Welt.

Das Wasser für den Zoo stammt aus dem Maschsee in Hannovers Mitte. Durch unter-

irdische Pipelines wird es zum Zoo befördert und hier aufbereitet. Reines Trinkwasser zu verwenden wäre viel zu kostspielig und ökologisch nicht vertretbar! Das Was-

Klare Sicht auf die Hippos

Oben: Hippo-Wohlfühl-Wohnzimmer dank modernster Wasseraufbereitung
Rechts: Klare Sicht auf das Unterwasserballett

ser aus dem See durchläuft zunächst einen groben Vorfilter, wird dann in einer Kiesbett-filteranlage gereinigt und in einem riesigen Vorratsbehälter gesammelt.

Von dort aus wird das aufbereitete Wasser über vier Pumpen in den ganzen Zoo befördert, speist den Sambesi und wird zum Wässern der Pflanzen und Säubern der Ställe verwendet.

Das Flusspferd-Planschbecken

In einem zweiten Kreislauf wird das Wasser eigens für die Flusspferde noch einmal in einer speziell für den Zoo entwickelten Anlage aufbereitet. Die Becken der gemütlichen Dickhäuter fassen innen 200 und außen 400 Kubikmeter Wasser. Bildlich gespro-

chen: Diese zusammengerechnet 600 Kubikmeter Wasser im Flusspferdpool entsprechen 5 000 vollen Badewannen!

Das Wasser für die Flusspferde wird zuerst mechanisch über eine Siebtrommelanlage gereinigt. Danach durchläuft es eine Mehr-schicht-Kies-Filteranlage und wird in den Ozonreaktionsbehälter zur Desinfektion und Algenbekämpfung gepumpt. Von hier führt der Weg erst über zwei Kohlefilter, die das Restozon herausfiltern, bevor das Wasser für die sonnenverwöhnten Hippos über Wär-meaustauscher auf kuschelige 20 Grad ge-

Klare Sicht auf die Hippos

bracht wird. Erst jetzt kann das gereinigte und erwärmte Wasser in die Becken der Flusspferde fließen.

Und weil Flusspferde dazu neigen, ihr Becken recht schnell zu verunreinigen, muss das Wasser der Dickhäuter ständig gereinigt werden. In freier Wildbahn würde die Strömung des Flusses den Kot der Tiere wegspülen, im Zoo leben Flusspferde jedoch in einem stehenden Gewässer.

Pro Stunde laufen daher durch die Wiederaufbereitungsanlage 200 Kubikmeter Wasser, die kristallklar wieder zu den Flusspferden zurückfließen. Dank der aufwändigen Technik werden für die sieben Flusspferde in einem Jahr lediglich 6 500 Kubikmeter Maschsee-Wasser benötigt!

Zum Vergleich: Vor dem Umbau des Zoos wurde das (Trink!-)Wasser in der alten Flusspferd-Anlage wöchentlich ausgewechselt. Bei einem Beckeninhalt von nur 160 Kubikmeter wurden jährlich 15 000 Kubikmeter Trinkwasser verbraucht. Mit der modernen Aufbereitungstechnik im neuen Zoo muss das Wasser nur zweimal im Jahr komplett ausgewechselt werden. Trotz der größeren Wasserfläche erzielt der Zoo jetzt eine Wasserersparnis von 8 500 Kubikmetern im Jahr.

Und während die Technik hinter den Kulissen auf Hochtouren arbeitet, können die Zoobesucher den Flusspferden durch das kristallklare Wasser bei ihrem hinreißenden Unterwasserballett zusehen. ●

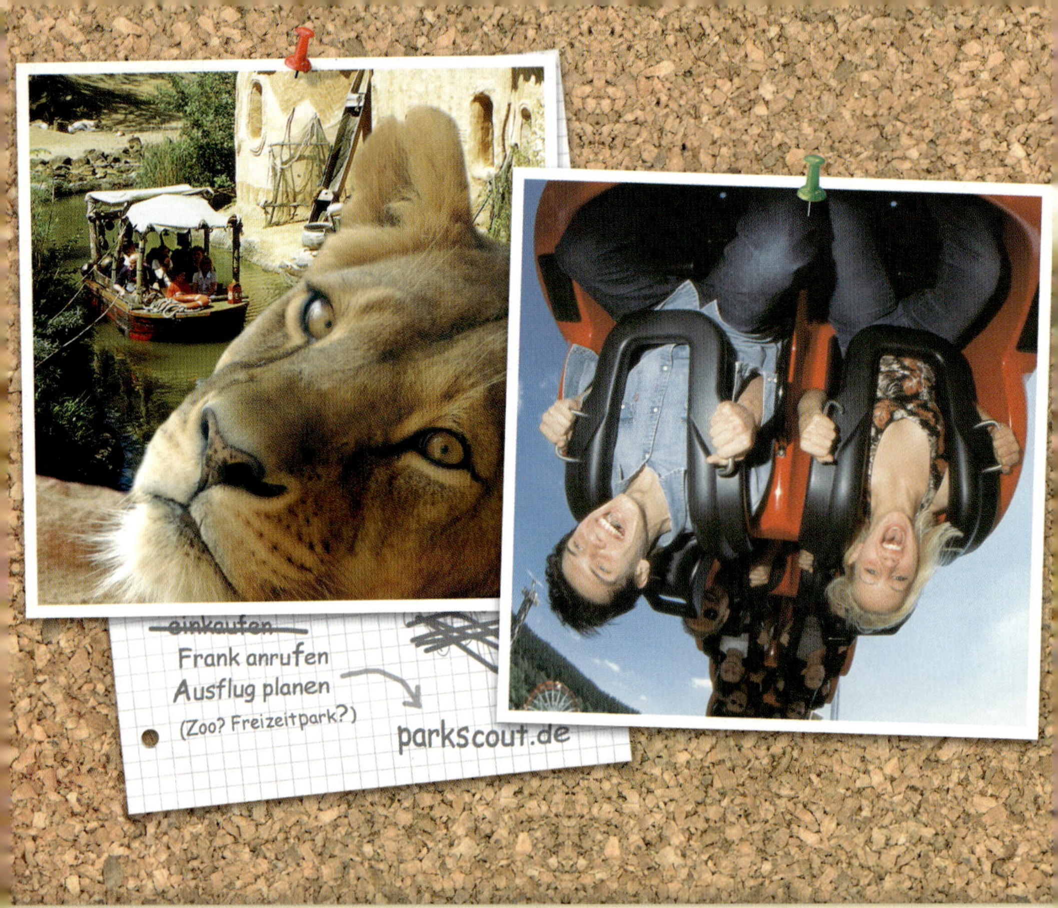
einkaufen
Frank anrufen
Ausflug planen
(Zoo? Freizeitpark?)
parkscout.de

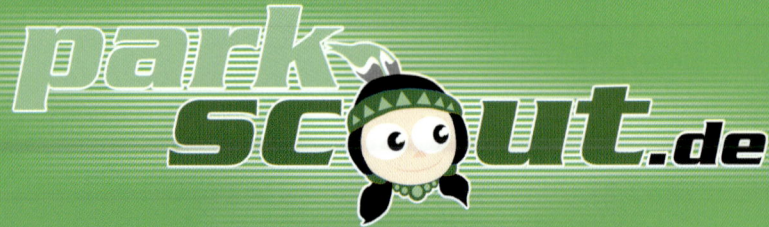

Möglichkeiten im Zoo

Events

Individuell feiern

Ob Geburtstag, Hochzeit, Incentive-Veranstaltung Ihres Unternehmens, Firmenjubiläum oder Konfirmation – die Anlässe für Feiern sind so vielfältig wie die Möglichkeiten im Erlebnis-Zoo Hannover.

Besondere Anlässe verlangen nach außergewöhnlichen Orten, denn es gibt Tage im Leben, die sollten ganz einfach gefeiert werden – am besten mit einem Fest, an das sich Gastgeber und Gäste noch lange erinnern werden. Der Erlebnis-Zoo Hannover ist eine der besten Adressen, denn hier bieten Ihnen die verschiedenen Erlebniswelten ein außergewöhnliches Ambiente.

Wünschen Sie sich pure Landidylle, afrikanische Romantik am Ufer des Sambesi, indische Exotik in einem märchenhaften Palast oder rauen Yukon Bay-Charme?
Für Ihr Fest, im großen wie im kleinen Rahmen finden Sie im Erlebnis-Zoo die passende Location.

Dschungelpalast – ein indischer Traum

Die indischen Maharadschas feierten einst pompöse Feste – warum nicht auch Sie? Hinter goldbesetzten Türen verbirgt sich der große Prunksaal des Dschungelpalastes,

Parkscout-Tipp

Sie benötigen Musiker und Entertainer, wünschen vielleicht eine spezielle Tiershow oder haben keinen eigenen Fotografen?
Kein Problem – bei allen organisatorischen Fragen steht Ihnen das Eventteam des Zoos hilfreich mit vielen Ideen und individuellen Lösungen zur Seite. Damit ihre Feier auch wirklich einmalig und unvergesslich wird.

Sie erreichen das Eventteam unter
0511 – 85 62 66-200.

eine atemberaubende Kulisse für rauschende Feste für 150 bis maximal 450 Personen. Die Wände zieren farbenprächtige Malereien, prachtvolle Kronleuchter glitzern am hohen Gewölbe und die Speisen des exotischen Buffets verströmen herrliche Aromen.

Feiern Sie ein rauschendes Fest und mieten Sie die fürstliche Palasthalle – hier ist Platz für 50 bis 100 Personen. Exotische Speisen, raffinierte Illumination und die märchenhafte Atmosphäre der imposanten Palastanlage entführen Sie und Ihre Gäste in eine zauberhafte Welt. Lassen Sie sich bereits am Parkplatz von Fackelträgern und Sitarspielern in

das Innere des Zoos geleiten. In festlichem Glanz wird in der märchenhaften Palasthalle aufgetischt – lassen Sie sich von der Palastküche verwöhnen! Das exotisch-indische Dschungelbuffet wird direkt vor den Leoparden angerichtet. Sie sind von heiligen Hulman-Affen umgeben und auf Wunsch zeigen grazile Schlangen- und Tempeltänzerinnen ihre Kunst.

Auch der gesamte Dschungelpalast mit Palastterrasse, Palasthalle und dem Prunksaal kann gebucht werden: In- und outdoor können hier bis zu 1 500 Personen feiern!

Links unten: In der fürstlichen Palasthalle
Unten: Der Prunksaal des Maharadscha

Feste feiern

Sambesi – zauberhaftes Afrika

Um den Zauber Afrikas live zu erleben, brauchen Sie in kein Flugzeug steigen. Buchen Sie das Café Kifaru, direkt am Ufer des Sambesi! Hier erleben Sie und Ihre Gäste afrikanische Romantik. Erkunden Sie Afrikas Tierwelt mit einer Bootsfahrt auf dem romantischen Sambesi und lauschen Sie den Geräuschen der Wildnis, die Sie umgibt. Genießen Sie mit bis zu 450 Personen die afrikanischen Grillbuffets mit exotischen Köstlichkeiten unter Strohdächern und an derben Holztischen, während die Sonne hinter dem Sambesi versinkt. Die romantische Beleuchtung der Holzbauten spiegelt sich im Wasser wider – ein exotischer Ort für faszinierende Feiern!

Links: Feiern direkt am Sambesi
Oben: Bauer Meyers Festscheune

Meyers Hof – feiern in ländlicher Idylle

Meyers Hof ist ein Stückchen idyllisches Niedersachsen – eine grüne Koppel, auf der Schafe grasen, im Hofteich schnattern friedlich Gänse und die malerischen Fachwerkhäuser strahlen urige Gemütlichkeit aus. Hier lässt es sich zünftig feiern, wie auf dem Land!

Ob in der großen Festscheune, im Gasthaus Meyer, den Kammerfächern oder in der Alten Werkstatt, auf Meyers Hof fühlen sich Ihre Gäste wohl!

Meyers Festscheune

Der historische Fachwerkbau aus dem Jahre 1743 bietet mit rustikalem Ambiente, gemütlicher Atmosphäre und viel Platz zum Tanzen die besten Voraussetzungen für Ihre zünftige Feier. Ob rustikaler Scheunenabend oder eleganter Empfang – unter den dunklen Eichenbalken und roten Backsteinen kommt Stimmung auf. Die Scheune mit großer Außenterrasse ist für 50 bis maximal 150 Personen geeignet.

Kammerfächer im Gasthaus Meyer

Der Mittelpunkt von Meyers Hof ist das urgemütliche Gasthaus Meyer, bekannt für seine regionaltypischen Köstlichkeiten. Für kleinere Gesellschaften räumt Bauer Meyer seine Wohnräume: In den so genannten „Kammerfächern" kann sogar geheiratet werden! Die malerisch am idyllischen Teich gelegene Terrasse steht Ihnen und Ihren Gästen exklusiv zur Verfügung – abgeschieden vom Rest des Gasthauses können Sie hier die Natur genießen. Meyers Grillbuffets und alle anderen niedersächsischen Leckereien werden Ihre Gäste begeistern! Die beiden Kammerfächer bieten Platz für bis zu 55 Personen und können auch einzeln gemietet werden.

Die Alte Werkstatt

Die Alte Werkstatt ist Hannovers originellste Kneipe. Das rund 300 Jahre alte Fachwerkhäuschen bietet Platz für maximal 36 Gäste und ist optimal für zünftige „Sausen". Die antiken Details im Innenraum erinnern an Bauer Meyers ehemalige Werkstatt und schaffen ein rustikales Ambiente: Treckersitze wurden zu Stühlen umfunktioniert, ausgediente Türen dienen jetzt als Tische und die ehemalige Werkbank ist die Theke. Ihre Gäste werden begeistert sein!

Yukon Market Hall und Captains Room

Mit der Eröffnung von Yukon Bay stellt der *Erlebnis-Zoo Hannover* nun zwei neue Eventlocations für Ihre Veranstaltungen zur Verfügung: Die Yukon Market Hall ist eine authentisch thematisierte Fischhalle und bietet Platz für 100 bis 400 Gäste. Wo in der Halle früher Fisch-Auktionen stattfanden, feiern Sie heute in rustkal-kanadischem Ambiente. Für Feiern in kleinerem Personenkreis (20 bis 50 Personen) bietet sich nun der ehemalige Schlaf- und Arbeitsraum von Captain Herny Charter an. „Ahoi" und „Leinen los" heißt es dann für Ihre Abendveranstaltung.

Für die Alte Werkstatt, die Yukon Market Hall aber auch jeden anderen besonderen Ort im *Erlebnis-Zoo Hannover* gilt: Wir stimmen sämtliche Details Ihrer Feier individuell mit Ihnen ab. Wollen Sie den Überraschungsauftritt eines Komikers buchen, Lieblingsspeisen auf Ihrem Buffet finden oder wünschen Sie einen speziellen musikalischen Rahmen? Sprechen Sie uns an! ●

Yukon Market Hall

Trauen Sie sich!

Ob Hochzeit, Familienfeier oder Firmenjubiläum: Im Erlebnis-Zoo Hannover wird Ihr Fest zum unvergesslichen Ereignis

Perfektes Glück: Auch die standesamtliche Trauung ist auf Meyers Hof möglich

Der Erlebnis-Zoo Hannover freut sich auf Ihr Ja-Wort.

Und bietet Ihnen mit mehr als 2.000 tierischen Trauzeugen einen einzigartigen Rahmen für Ihren schönsten Tag. Wollen Sie dem Zauber von Yukon Bay erliegen, ins märchenhafte Indien eintauchen oder typisch niedersächsische Landidylle genießen? Unser erfahrenes Event-Team macht's möglich, inklusive Catering, Entertainment und Tierbegegnungen.

Telefon 0511/85 62 66-200 • feste-feiern@zoo-hannover.de • www.zoo-hannover.de

Führungen

Mit den Scouts die Tierwelt erleben

Der Erlebnis-Zoo Hannover bietet einzigartige Gruppen-Führungen an, bei denen die Besucher tierisch viel erleben können. Ortskundige Zoo-Scouts führen Sie und Ihre kleine Reisegesellschaft sicher durch die abenteuerliche Welt der Tiere. Bei der großen Zooreise verrät der Scout nicht nur alle tierischen Geheimnisse, er versorgt seine Begleiter während der dreistündigen Safari auch mit dem passenden Reiseproviant!

Die Weltreise

Reisen Sie in eine andere Welt, zum Beispiel mit dem Boot durch Afrika, vorbei an Steppe und Savanne. Erblicken Sie an den Ufern Antilopen und Gazellen, Nashörner und Giraffen, Löwen und Flusspferde, während Ihr Zoo-Scout Wissenswertes und Kurioses erzählt. Erleben Sie dann traumhafte Momente in Indien, beobachten Sie eine Elefantenherde beim Baden, und schauen Sie den Babyelefanten beim Spielen und Herumtollen zu. In der verlassenen Palastanlage warten Schlangen, Tiger und heilige Affen, die Hulman-Languren.
Nächste Station: Gorillaberg. Folgen Sie dem Evolutionspfad bis zur großen Urwaldlich-

tung: Im dichten Grün mit Wasserfall und Bachlauf lebt eine imposante Gorillafamilie. Ihr Scout führt Sie sicher wieder aus der Wildnis heraus und geleitet Sie nach Niedersachsen, auf den Hof von Bauer Meyer, wo Sie mit frischem Kaffee und leckerem Kuchen verwöhnt werden. Dieser Tag wird unvergesslich!

Erlebnis-Safari

90 Minuten tierische Spannung verspricht die „Erlebnis-Safari". Sie möchten traumhafte Augenblicke in Indien genießen? Oder die Geheimnisse des Gorillaberges erforschen? Sie wollen endlich Afrika entdecken? Bei der Erlebnis-Safari führt der ortskundige Zoo-Scout Sie und Ihre Begleiter durch eine der Zoo-Erlebnis-Welten Ihrer Wahl. Sie geben das Ziel vor, der Scout führt Sie sicher durch den Dschungel. Ob Indien, Afrika, Kanada oder der Gorillaberg: Jede Führung ist einmalig und richtet sich nach Ihren Wünschen.

Rendezvous mit dem Lieblingstier

Sie sind in ein ganz spezielles Tier vernarrt? Sie wollten schon immer einmal einem Flusspferd Auge in Auge gegenüberstehen

Mit den Scouts die Tierwelt erleben

oder ein Erdmännchen füttern? Hier im *Erlebnis-Zoo Hannover* geht das bei einem großen Rendezvous. Erleben Sie, was anderen Zoobesuchern verborgen bleibt: Werfen Sie einen Blick ins Schlafzimmer der Flusspferddamen, lassen Sie sich von einem Katta Rosinen aus den Fingern stibitzen, streicheln Sie Lamas oder begegnen Sie Meerestieren einmal ganz anders. Fragen Sie die Scouts nach den verschiedenen Möglichkeiten zu einem tierischen Erlebnis.

Als Erinnerung an Ihre besondere Begegnung erhalten Sie eine Urkunde mit einem Foto Ihres Lieblingstieres.

Mit den neugierigen Kattas auf Tuchfühlung

Mit den Scouts die Tierwelt erleben

Die Feierabend-Safari

Machen Sie Ihren Feierabend zu etwas ganz Besonderem: Ein Scout entführt Sie aus dem Stress des Alltags in die Weiten der aufregenden Tierwelt.

Mit dem Boot auf dem Sambesi geht es zu den Tieren Afrikas. Entdecken Sie neugierige Erdmännchen und freche Pelikane bevor Sie den Abend zusammen mit Ihren Arbeitskollegen im Gasthaus Meyer gesellig ausklingen lassen können. Rund 90 Minuten dauert die Feierabend-Safari, von der Sie noch lange erzählen werden.

Kindergeburtstag feiern

Im *Erlebnis-Zoo Hannover* können Kinder mit vielen Freunden und über 2 000 tierischen „Gästen" ein Fest feiern, das niemand so schnell vergessen wird.

Mit dem Zoo-Scout entdecken die kleinen Tierfreunde Löwen, Giraffen, Tiger, Pelikane, Elefanten, Flusspferde und lustige Erdmännchen. Tierische Geschichten und jede Menge Spaß sind garantiert.

Das Geburtstagskind darf sich wünschen, wohin die Reise gehen soll – und natürlich bekommt es eine tolle Krone und ein bun-

Mit den Scouts die Tierwelt erleben

tes Erinnerungsfoto inklusive Internet-Code zum Ausdrucken zuhause. Nach der Führung kann auf eigene Faust eine spannende Rallye starten, bei der die kleinen Gäste schlau wie ein Fuchs sein müssen.

Im Zoo kann das Geburtstagskind zur Kleinen oder zur Großen Safari einladen: Bei der Großen Safari können die Kinder nach der tierischen Führung ihren Bärenhunger stillen! Es gibt den unwiderstehlichen „Schatz der Brodler" mit Hähnchen-Nuggets, Pommes Frites und Apfelschorle oder die „Kuchen-Party" für echte Schleckermäuler – eine große Portion leckeren Kuchen für jedes Kind!

Oder die Rasselbande kehrt in Tante Millis Futtertrog in Mullewapp ein! Hier gibt es wahlweise frische Pfannkuchen mit Puder-

zucker, Apfelmus und Smarties oder köstliche Spaghetti mit Tomatensauce, jeweils mit Johannisbeer- oder Apfelschorle und einen fruchtig-frischen Obstsalat. ●

Parkscout-Tipp

Nirgends lässt sich ein Kindergeburtstag aufregender feiern als im Zoo.
Ob in den verwunschenen Brodelbutzen oder in Tante Millis Futtertrog – von dieser Party werden die kleinen Gäste noch lange reden!

Fragen Sie gleich beim Zoo-Service-Team nach unter folgender Rufnummer:
  0511 – 280 74 163.

Patenschaften

In bester Gesellschaft

Sie konnten sich noch nie an Tigern im Dschungelpalast satt sehen oder sind vernarrt in die rosaroten Flamingos am Ufer des Sambesi? Sie sind begeistert von der Ruhe, die die sanften Riesen des Gorillabergs ausstrahlen? Sie mögen die frechen Pelikane besonders gern? Übernehmen Sie eine Patenschaft!

Viele Unternehmen sind Tierpate im *Erlebnis-Zoo* und lassen ihr Tier sympathisch für die Leistungen ihres Unternehmens werben. Eine Praxis für Akupunktur wählte die Stachelschweine, der Getränkemarkt Hol' Ab! eine Elefantendame, ein Optiker natürlich einen Brillenpinguin. Das Team Kinderwunsch übernahm sicherheitshalber gleich die Patenschaft für einen Storch und ein Känguru, ei-

Parkscout-Tipp

Beispiele für Patenschaften: Flamingo – 200 Euro im Jahr inklusive einer Tageskarte. Riesenkänguru – 1000 Euro inklusive zwei Jahreskarten. Gorilla – 3100 Euro inklusive vier Jahreskarten.

Parkscout-Tipp

Rund um das Thema Tierpatenschaften bietet Ihnen der Erlebnis-Zoo Hannover maßgeschneiderte Konzepte. Rufen Sie an: 0511 – 280 74 179. Es rentiert sich!

ne Apotheke suchte sich einen diabetiskranken Drill aus, ein Steuerberater einen Gänsegeier.

Prominente Paten

Zu den prominentesten Tierpaten gehört sicher Kanzlerin Angela Merkel. Sie bekam die Patenschaft für den Pinguin „Helmut" zum Geburtstag geschenkt.
Sie kennen auch ein Tier, das gut zu Ihrem Unternehmen passt? Sie sind Unternehmer oder möchten Ihren Chef mit einer tierisch guten Idee einfach mal begeistern?

Mit Ihrer jährlichen Unterstützung leisten Sie gleichzeitig einen wertvollen Beitrag zur Bewältigung der großen Aufgabe Artenschutz. Für Ihr Engagement erhalten Sie eine Patenschaftsurkunde sowie Zoo-Eintrittskarten für sich und Ihre Mitarbeiter je

In bester Gesellschaft

nach Höhe und Umfang Ihrer Patenschaft. Wählen Sie ein Tier, das gut zu Ihrer Firmenidee oder Ihrem Logo passt – oder eines, zu dessen Arterhaltung Sie öffentlichkeitswirksam beitragen möchten. Und nutzen Sie das positive Image des neuen Erlebnis-Zoo für sich und Ihre Werbung. Ab einem Beitrag von 600 Euro pro Jahr gibt es auch die Möglichkeit einer Patentafel, die im Eingangsbereich des Zoos platziert wird und jährlich über 1,2 Millionen Besucher auf Ihr Unternehmen aufmerksam macht. ●

VW-Betriebsratschef Bernd Osterloh und Ministerpräsident Christian Wulff mit Zoo-Direktor Michael Machens

Für kleine Zoo-Fans

Willkommen in Mullewapp

Ein Paradies für Kinder

Springen, hüpfen, toben, rodeln, klettern und so richtig Kind sein – auf nach Mullewapp! Das Kinderland Mullewapp ist die Heimat der drei Freunde Johnny Mauser, Franz von Hahn und dem dicken Waldemar, erdacht und zum Leben erweckt von dem bekannten Zeichner und Autor Helme Heine. Ein Paradies für Kinder und Augenschmaus mit höchstem Freufaktor für Erwachsene!

Mullewapp liegt im Erlebnis-Zoo Hannover! Mit knallroten Dächern, einem idyllischen Dorfteich, mit Mäusen und Schafen, Ziegen und Ponys und natürlich einem Fahrrad – genau wie in den Büchern von Helme Heine. Und mittendrin: Die drei Freunde selbst. Als 3-D-Figuren bei einer waghalsigen Kletteraktion am Turm des Torhauses, am Lagerfeuer beim Zelten, auf stürmischer Bootsfahrt auf dem Dorfteich und auf zahlreichen Illustrationen an den Hauswänden, bestehen sie ihre Abenteuer – und jeder kann sie miterleben!

Mullewapp im Zoo ist mit Rodelbahn und Wasserspielen, Bällebad und Streichelwiese, Hüpfkissen und Spielplatz und dem erlebnisreichen Familienrestaurant „Tante Millis Futtertrog" der absolute Lieblingsplatz für Familien!

Hühnersause und Mauseflitz

Mitten in Mullwapp erhebt sich der wohl schnellste Hügel Hannovers: Der Rodelberg! Von seiner Spitze in zehn Metern Höhe winden sich die Rodelbahnen „Mauseflitz", „Hühnersause" und die „Wilde Sau" in langen Kurven ins Tal. Die 60 und 70 Meter langen Rutschpartien auf den rasanten „Tubes" lassen jede Rodelfahrt im Sommer wie im Winter zu einem unvergesslichen Erlebnis werden!

Die geheimnisvollen Rieseneimer

Irgendwo bei Mullewapp muss auch das Land der Riesen liegen. Drei riesengroße Eimer und eine überdimensionale Gießkanne

Parkscout-Tipp

Das Spezialfutter für die Tiere auf der Streichelwiese gibt es im Mullewapp-Shop „Waldemars Wundertüte!

wurden auf dem Dorfplatz abgestellt – und spucken Wasser! Immer wieder rauscht die Fontäne von einem Eimer in den nächsten, aus der Gießkann in die Eimer und zurück. Nie ist sicher, welcher Eimer als nächstes eine kräftige Fontäne in die Luft schleudern wird. Wer sich zwischen die Rieseneimer wagt, kann sich über eine spritzige-kühle Überraschung freuen!

Streicheln jetzt!

Wie fühlt sich die Zunge einer Ostafrikanischen Zwergziege an, wie weich sind die Lippen eines Alpakas, wie flauschig sind Schäfchen am Bauch? Auf der großen Streichelwiese in Mullewapp erleben kleine (und große) Besucher hautnahe Tierbegegnungen der ganz besonderen Art. Die Mullewapp-Tiere freuen sich auf ausgiebige Streicheleinheiten.

Der Zeltplatz

Ein Sommer ohne Zelten ist wie Grillen ohne Würstchen. Das finden natürlich auch Franz, Johnny und Waldemar. Und so schlägt je-

Unten: Der Bereich, der Kinderherzen höher schlagen lässt; Mullewapp
Rechts: Tierbegegnungen gepaart mit Überraschungen wie den roten Hüpfkissen

Ein Paradies für Kinder

der sein besonderes Zelt auf Mullewapp auf. Der dicke Waldemar hat sogar eine echte Camping-Dusche im Holzfass. Wenn das kalte Wasser angeht, kann man ein Schwein mal so richtig quieken hören!

Hüpfen und Spielen bis zum Abwinken

Wenn sich die Kinder von den Abenteuern mit den drei Freunden, vom Rodeln, dem Streicheln der Ziegen und Alpakas und den Fontänen-Überraschungen der geheimnisvollen Eimer erholen möchten, können sie sich nach Herzenslust auf dem großen Spielplatz neben „Tante Millis Futtertrog" austoben, die hölzernen Türme erklettern, rutschen, schaukeln oder so lange auf den großen roten Hüpfkissen (die genauso rot sind wie die Dächer von Mullewapp) hüpfen, bis es Zeit zum Schlafengehen ist.

Und dann ist es höchste Zeit, sich noch einmal die Abenteuer der drei Freunde anzuhören, sie zu lesen oder vorgelesen zu bekommen. Beim nächsten Besuch in Mullewapp gibt es neue Abenteuer zu bestehen! ●

Tante Millis Futtertrog

Abenteuer machen hungrig. Also hat Tante Milli ihr Zuhause in ein außergewöhnliches Familien-Restaurant verwandelt.

Stühle und Tische stehen in kuscheligen Boxen, Milchkannen und Kuhglocken sorgen für Gemütlichkeit – genau so, wie echte Schwarzbunte es in ihrem Stall mögen. Eine kleine Tür neben dem großen Tor war einst für die Kälbchen gedacht und ist jetzt der Super-Sonder-Spezial-Eingang nur für Kinder! Eine freundliche Kuh flankiert den Eingang in das große Bällebad, in das die Kinder nach dem Essen oder davor oder zwischendurch ordentlich abtauchen können.

Hinter Tante Millis Selbstbedienungsbüfett werden Kinder-Lieblingsspeisen frisch zubereitet – und jeder kann dabei zugucken. Pfannkuchen werden mit Bananen oder Spinat gebacken, oder sie erhalten lustige Gesichter aus bunten Smarties. Oder es heißt „Auf die Nudel, fertig, los!" Drei einfache Schritte führen zur absoluten Lieblingsnudel mit der unwiderstehlichen Lieblingssauce: Nudel auswählen, Sauce aussuchen und mit dem Geheimzusatz (Knoblauch, Parmesan, Chilli) versehen lassen – fertig!

Die selbstgemachten Nudeln gibt es zum Beispiel mit Salbeibutter und Walnüssen, Tomatensauce, Ruccola, Lauchzwiebeln und Kirschtomaten, mit Gemüse, Carbonara oder Mozzarella und Basilikumpesto oder gar mit Rinderfiletstreifen oder Flusskrebsfleisch in Hummersauce!

Tante Millis Futtertrog

Dazu locken prickelnde Brause, frische Obstsäfte, die Suppe des Tages, knackiges Gemüse und für „hinterher" Kuchen, Kekse und Eis. In Tante Millis kunterbuntem Familienrestaurant ist Schlemmen, Toben, Spielen angesagt. Hier macht Essen garantiert glücklich!

Und ein Augenschmaus ist es dazu: Unmöglich, sich an den vielen liebenswerten Details satt zu sehen. Zeichner Helme Heine hat sich selbst für die Toilettenbeschilderung etwas ganz Besonderes einfallen lassen. Die Mullewapp-Örtchen kann jedes Kind eindeutig erkennen. Einen Still- und Wickelraum gibt es natürlich auch.

Das Restaurant bietet innen 105 und auf den großen Sonnenterrassen mit Blick auf den Spielplatz und den idyllischen See (auf dem Franz, Johnny und Waldemar gerade Seeräuber spielen) weitere 200 Plätze. ●

Waldemars Wundertüte steckt voller Überraschungen

Wer Mullewapp betritt, ist mittendrin in der Bilderbuchwelt von Johnny Mauser, Franz von Hahn und dem dicken Waldemar. An jeder Ecke sind liebevoll gestaltete Details aus ihren lustigen Abenteuern zu entdecken, vor allem in „Waldemars Wundertüte": eine wahre Schatzkiste für alle kleinen und großen Fans der „Drei Freunde"!

An den Zeichnungen von Helme Heine kann man sich gar nicht satt sehen. Wer nicht schon vor dem Besuch des Mullewapp-Shops Fan der „Drei Freunde" ist, wird es spätestens jetzt. Denn hier gibt es die Abenteuer zum Nachlesen, Anhören oder Ansehen. Der Shop ist eine echte Wundertüte voller Überraschungen! Man kann in den originellen Büchern über die drei Helden vom Bauernhof schmökern oder sich ihre witzigen Erlebnisse auf DVD oder als Hörspiel mit nach Hause nehmen. Auch als knuddelige Plüschtiere machen Johnny Mauser, Franz von Hahn und der dicke Waldemar eine gute Figur. Für kleine Helme Heine-Fans ist ein T-Shirt mit den „Drei Freunden" natürlich ein Muss – ein tolles Andenken an einen erlebnisreichen Zootag!

Die spannenden Szenen aus den Kinderbüchern gibt es in Waldemars Wundertüte auch als Poster, Postkarten und vieles mehr. Exklusiv für den Zoo hat Helme Heine neue Abenteuer seiner „Drei Freunde" gezeichnet. Viele Artikel des beliebten Kinderbuchautors und Zeichners gibt es weltweit nur hier! ●

Tatzi Tatz

Der Botschafter der Tiere

Das farbenfrohe Maskottchen des Erlebnis-Zoo begrüßt Klein und Groß jeden Tag lachend und winkend und ist der Botschafter der Tiere!

Bei ihrem großen Jahrestreffen beschlossen die Zootiere, einen Botschafter auszuwählen. Voraussetzung: Er muss Kinder mögen und alle guten Eigenschaften der Tiere in sich vereinigen.

Die Tiere dachten angestrengt nach. „Ich bin die Größte", behauptete stolz die Giraffe. „Aber ich bin der Stärkste", trompetete laut der Elefant. „Ich bin dem Menschen am ähnlichsten", plapperte der Schimpanse. Und jeder stampfte dabei fest auf den Boden im Urwald. Immer mehr Tiere traten heftig auf und jeder war von sich überzeugt.

Der Ältestenrat der Schildkröten war zum ersten Mal ratlos. Welches Tier sollte Botschafter werden? Plötzlich kam ein Wind auf und siehe da: Dort, wo eben noch die Tiere auf den Fußboden gestampft hatten, entstand aus ihren Spuren eine einzige große Tatze! Und als es zu regnen begann, formte sich daraus wie von Geisterhand ein kleiner bunter Kerl: Tatzi Tatz.

Tatzi Tatz ist schlau wie ein Fuchs, lustig wie ein Schimpanse, stolz wie ein Löwe und stark wie ein Elefant. Und vor allem mag er eines – die Kinder! ●

Parkscout-Tipp

Tatzi Tatz trifft man morgens und abends am Zoo-Eingang – abends auch zusammen mit den drei Freunden aus Mullewapp zur Maskottchen-Parade.

Spielplätze

Klettern, spielen, toben

Der Zoo ist ein wahres Paradies für Kinder. Überall gibt es Kletterpfade, auf denen die Kleinen toben können. Denn während Erwachsene noch lange und aufmerksam zuhören können, sind Kinder mit ihren Gedanken schon oft ganz woanders: „Ob ich auf den Baum dort klettern könnte? Wenn ich mich in diesem Gebüsch verstecke, könnte ich dann meine kleine Schwester erschrecken?" Und so gibt es im Erlebnis-Zoo Hannover viele spannende Seitenpfade und Spielplätze: zum Klettern und Spielen geradezu unwiderstehlich.

Die Brodelburg

Geheimnisvolle Tunnel, labyrinthartige Gänge, Bäume, die von oben nach unten zu wachsen scheinen, schräge Häuser mit schiefen Wänden: Der neue große Abenteuerspielplatz „Die Brodelburg" ist ein kunterbuntes, mit Zipfelmützen besetztes, quirliges, wassersprüzendes, verschlungenes Reich der Phantasie mit unbegrenzten Spiel- und Klettermöglichkeiten!

Mittelpunkt des Spielplatzes ist die große Brodelburg, eine meterhohe Holzburg mit

Parkscout-Tipp

Nirgends lässt sich ein Kindergeburtstag aufregender feiern als in den verwunschenen Brodelbutzen auf der Brodelburg! Die hutzeligen Räume verfügen über Tische und Bänke und sind liebevoll dekoriert. Fragen Sie einfach beim Zoo-Serviceteam unter 0511 – 280 74 163.

lustigen Zipfelmützen und verschiedenen Ebenen, ausgerüstet mit Kletternetzen für waghalsige Eroberer und kurvigen Röhrenrutschen für den rasanten Abstieg. Verbunden ist die Brodelburg mit einem windschiefen Baumhausdorf, in dem es sich herrlich klettern und krabbeln lässt.

Neben dem Dorf steht die wundersame Wassermühle an einem verwunschenen Bachlauf. Die Mühle kann von den Kindern nur durch den unterirdischen Geheimgang erreicht werden.

Haben sie den Gang entdeckt und das Holzgebäude bis zur obersten Ebene erobert, geht es in Hochgeschwindigkeit in einer Röhrenrutsche an das Ufer des Baches. Ein plätschernder Wasserfall verdeckt den Ausgang des Geheimganges. Jetzt heißt es Kleckern, Matschen, Spielen, Spritzen, Stauseen bauen: Wasser marsch!

Klettern, spielen, toben

Hinter der Brodelburg und dem Wasserspielplatz lauert der Sumpf des Vergessens – schon viele Kinder haben hier vor lauter Klettern, Toben, Schaukeln die Zeit einfach vergessen. Kletterbrücken und Wurzelbäume, Labyrinthe, Trampoline und Schaukeln jeder Art sind unwiderstehlich – und mittendrin: das magisch anziehende Haus mit der Zaubermütze! Auf einem zwei Meter hohen Hügel thront das Haus mit Gesicht, das alle Kinder im Blick zu haben scheint. Den Eingang zum Zaubermützen-Haus muss man allerdings erst suchen. Zwei dunkle, geheimnisvolle Gänge führen in das Innere, in dem die Kinder wiederum durch ein Labyrinth auf zwei Ebenen finden müssen.
Immer wieder gehen Schiebetüren auf und zu, Wege und Räume verändern sich ständig. Es knackt und knarrt, es scheint, das Haus lebt wirklich!

Der Abenteuerspielplatz „Die Brodelburg" mit seinen skurrilen bunten Holzbauten, Fabelwesen, Geheimnissen, Kletter- und Spielmöglichkeiten ist der ideale Platz zum Austoben – und zum Geschichten erfinden.
Wer weiß, vielleicht leben in der Brodelburg ja wirklich Ritter, die gemeinsam mit den Fabelwesen aus dem Sumpf des Vergessens gegen die böse Hexe im Zaubermützen-Haus kämpfen – Ihre Kinder werden Ihnen vielleicht davon erzählen.

Hits für Kids

Mit den drei Sommerrodelbahnen in Mullewapp wartet rasante Abfahrts-Action auf die ganze Familie – Bahn frei!
Auf den Riesentrampolinen im Spielbereich

Die Brodelburg

von Yukon Bay lässt es sich herrlich hüpfen – dass macht riesigen Spaß. Das Goldwaschen birgt dagegen nostalgische Romantik während die Softball-Anlage für Fun und Action steht. Die Benutzung der drei Attraktionen im Spielbereich von Yukon Bay ist aufpreispflichtig – aber der geringe Obulus garantiert Vergnügen pur.

Und noch viel mehr

Und selbst am Wegesrand in den einzelnen Themengebieten finden sich immer wieder Gelegenheiten, neue Abenteuer und Herausforderungen zu entdecken – seien es die Kletterpfade und Trommeln in Sambesi, die steinernen Elefanten im Dschungelpalast oder die Kletterseile auf dem Gorillaberg. Ihre Kinder werden diese Plätze sicher schnell entdecken und ausprobieren wollen – vielleicht machen Sie ja sogar mit?! ●

Rutschen, klettern, Spaß haben – überall im Zoo

Wissenswertes

DSCHUNGELPALAST

Märchenhaftes Indien!

Tiger streich

Zoo online

Rund um die Uhr für Sie da!

Die Website des Erlebnis-Zoo Hannover ist ein toller Vorgeschmack und vor allem die perfekte Vorbereitung auf einen schönen Tag in Europas Themen-Tierpark Nr. 1.

Auf www.zoo-hannover.de finden Sie alle interessanten und spannenden Details zum Zoo und seinen Bewohnern. Informieren Sie sich schon im Vorfeld Ihres Besuchs, damit Sie einen rundum gelungenen Zootag erleben! Unter dem Menüpunkt „Besuch pla-

nen" finden Sie von den Öffnungszeiten und den Eintrittspreisen über Show- und Fütterungszeiten alles, um Ihre Reise in die Welt der Tiere perfekt vorbereiten zu können. Tipps wie Ideen für Gruppenreisen, Touren für Schulklassen oder tolle Zoo-Rallyes zum Download runden das Angebot ab.

Auch die genaue Anfahrtsskizze zum Erlebnis-Zoo Hannover ist hier abrufbar und ein Link zum Routenplaner der Deutschen Bahn steht zur Verfügung.
Unter „Aktuelles" erfahren Sie stets, in welcher Tierfamilie es Nachwuchs gibt.

Unter „Zoo erleben" finden Sie hier alle Tiere von A bis Z: Sortiert nach Alphabet, Alter, Größe, Geschwindigkeit, Gewicht, Herkunft oder Brut- und Tragezeit tun sich in diesem Online-Lexikon spannende Einblicke in die Tierwelt auf!

Mit Online-Tickets vorbei an den Warteschlangen!

Sparen Sie sich das Schlangestehen an der Kasse und kaufen Sie Ihre Erlebnis-Zoo-Eintrittskarten im Internet. Tages- und Jahreskarten können Sie bequem zuhause un-

Rund um die Uhr für Sie da!

Das Gruppenreise-Prospekt steht zum Download bereit und über ein Anfrage-Formular können Sie Ihre Vorstellungen und Wünsche äußern. Das Service-Team des Zoos wird Ihnen ein maßgeschneidertes Angebot machen.

Mitmachen und Gewinnen!

Natürlich kommt der Spaß nicht zu kurz: Jeden Monat finden Sie auf unserer Website tolle Gewinnspiele für Groß und Klein. ●

ter www.zoo-hannover.de/tickets kaufen – rund um die Uhr, sieben Tage die Woche. Tagestickets können Sie sogar direkt ausdrucken. Das heißt für Sie: Vorbei an den Kassen, direkt ins Zoovergnügen!

Entdeckertour durch exotische Welten

Auch online können Sie durch die einzelnen Zoo-Welten „schlendern". Tauchen Sie in das afrikanische Sambesi, den indischen Dschungel-palast, das kanadische Yukon Bay oder das phantasievolle Mullewapp ein und stöbern Sie im Shop, um auf ausgefallene und exotische Geschenkideen zu stoßen. Oder schenken Sie doch einen wunderbaren Tag in der Welt der Tiere – auf www.zoo-hannover.de/shop können Sie natürlich auch Gutscheine kaufen!

Sind Sie auf den Geschmack gekommen? Dann gehen Sie auf Zoo-Safari, angeleitet von einem ortskundigen Scout. Auch diese Touren durch den Erlebnis-Zoo sind online buchbar, ebenfalls als Geschenk.

Parkscout-Tipp

Abonnieren Sie den Zoo-Newsletter unter www.zoo-hannover.de.
Damit sind Sie immer über alle Neuigkeiten informiert!

www.zoo-hannover.de

Übernachten in Hannover

Besonders für Familien, die von weiter anreisen, um den Erlebnis-Zoo Hannover zu besuchen, lohnt es sich, mindestens eine Übernachtung einzuplanen.

Besonders zu empfehlen sind hier die Hotels der Accor Gruppe, die gleich mit 14 Hotels rund um Hannover aufwarten kann – und das für jeden Geschmack und in jeder Preisklasse. Vom günstigen Etap Hotel für den kleinen Geldbeutel über Ibis, dem preisgünstigen Marktführer im 2-Sterne-Segment, dem Suitehotel mit 30 Quadratmeter großen Suiten oder den First Class Hotels Mercure und Novotel mit allen Annehmlichkeiten eines 4-Sterne Hotels.

Eine kleine Auswahl

Etap Hannover City, 101 klimatisierte Zimmer mit funktionaler Ausstattung. Das junge Hotel direkt am Bahnhof bietet unschlagbare Preise ab 39,- Euro pro Zimmer/Nacht.

Parkscout-Tipp

Bei allen Accor Hotels sind Kinder herzlich willkommen. Im Suitehotel Hannover City und im Novotel Hannover schlafen die Kinder (bis 16 Jahre) kostenfrei im Zimmer der Eltern.

Suitehotel Hannover City, 123 klimatisierte Suiten, ab 69,- Euro/Nacht, ebenfalls am Hauptbahnhof. Die 30 Quadratmeter großen Suiten sind mit Kitchenette, großem Bad und abtrennbarem Wohn-Schlafbereich ausgestattet und bieten Entspannung für bis zu vier Personen.

Das **Ibis Hannover City** in zentraler Lage – nur 3 Kilometer bis zum Zoo – mit 125 modern eingerichteten Zimmern und dem gemütlichen Restaurant Hopfen&Malz.

Links: Etap Hannover City
Rechts: Suitehotel Hannover City

Ibis Hannover Medical Park, 96 Zimmer in verkehrsgünstiger Lage, ab 49,- Euro und gleich nebenan: Das moderne 4 Sterne Hotel **Mercure Hannover Medical Park** empfängt Sie mit 112 klimatisierten Zimmern, einem Restaurant und einer Bar in einem stylischen Ambiente. Zum Entspannen nach einem Zoobesuch lädt die mediterrane Terrasse mit Aussen-Pool ein.

Das **Mercure Hotel Hannover Mitte** überzeugt mit gradlinigem Design und der ruhigen zentralen Lage.

Mercure am Entenfang: Das moderne 3 Sterne Hotel besticht durch seine ruhige Lage, sehr gute Autobahnanbindungen und ist dennoch nur 10 Minuten von der Innenstadt entfernt.

Das familienfreundliche und architektonisch reizvolle **Novotel Hannover** bietet mit seinen 206 Zimmern (zum Teil Familienzimmer mit Verbindungstür), Restaurant, Bistro, Bar und Wellnessbereich alle Annehmlichkeiten eines 4-Sterne Hotels.

Oben: Accor-typische moderne und edle Ausstattung
Unten: Novotel Hannover

Der Erlebnis-Zoo ist bequem mit einer kurzen Wanderung durch den Stadtwald zu erreichen. Auch ein idealer Ausgangspunkt zum Erkunden der Stadt. Fragen Sie nach den Familienangeboten. ●

Parkscout-Tipp

Buchen Sie die bärenstarken Übernachtungs-Angebote in den Accor-Hotels in Hannover zum günstigen Paketpreis! Im „Happy-Hippo-Paket: Zeit zu zweit" stecken eine Übernachtung im Doppelzimmer und Zoo-Eintrittskarten für zwei Erwachsene. Die „Kleine Familien-Safari: Zeit zu dritt" beinhaltet eine Übernachtung im Doppelzimmer und Zoo-Eintrittskarten für zwei Erwachsene und ein Kind. Zwei Erwachsene und sogar zwei Kinder werden komplett versorgt mit der „Großen Familien-Safari: Zeit zu viert".
Mehr unter www.zoo-hannover.de

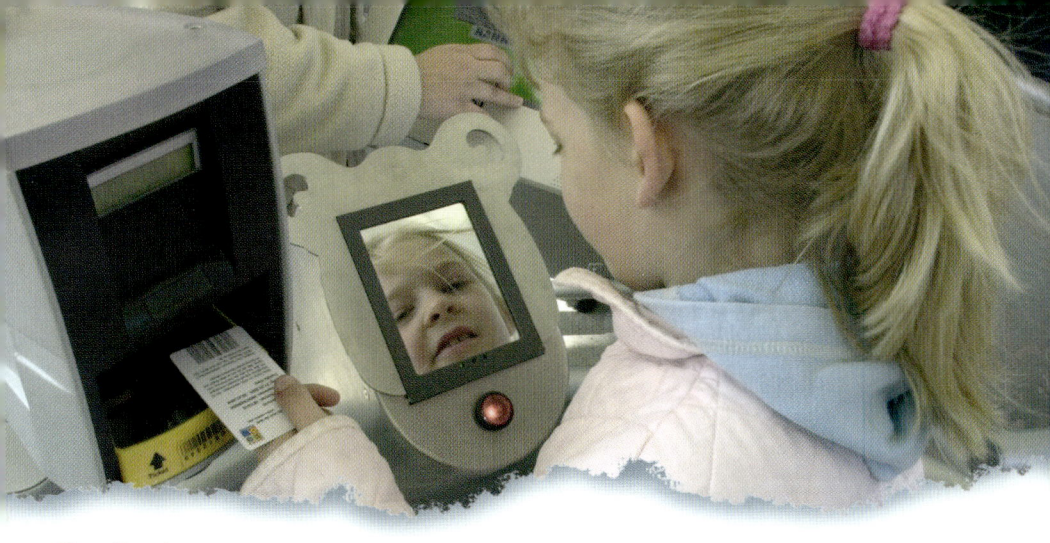

ZooCard

365 Tage Spaß mit Preisvorteil!

Mit einer Jahreskarte für den Erlebnis-Zoo haben Sie ab Kaufdatum 365 Tage lang jede Menge Spaß zu absolut günstigen Preisen. Dieses Angebot gibt es für Erwachsene, Kinder und Hunde – und eine nochmals vergünstigte Karte für Familien: Vater, Mutter und alle zur Familie gehörenden Kinder (von 3 bis 17 Jahren) bekommen eine eigene Karte! Alle zusammen zahlen nur 169 Euro.*

Das komplette ZooCard-Angebot finden Sie im Internet unter www.zoo-hannover.de. Hier können Sie Ihren „persönlichen Schlüssel zum Zoo" auch bequem online bestellen! Und wenn Sie bereits eine ZooCard haben, können Sie sie hier bequem von zuhause aus verlängern.

Smile & Go!

Logisch übrigens, dass eine ZooCard an ein und dieselbe Person gebunden ist. Modernste Technik, die kinderleicht zu bedienen ist, macht es möglich, dass der Zoo-Eingang Sie an Ihrem Lächeln erkennt. Ein Blick in den Spiegel und der Computer hat blitzschnell Ihr Gesicht erkannt!

Für Technikbegeisterte sicherlich ein äußerst interessantes Detail – aber nur ein Beispiel dafür, dass der *Erlebnis-Zoo Hannover* in allen Bereichen auf zukunftsweisende Technik setzt. ●

* Stand Mai 2010

Tier A-Z

Von Adler bis Zebra

A

Adler

Der in Nordamerika lebende Weißkopfsee-
adler wird bis zu 96 Zentimeter groß und
über 50 Jahre alt. Seinem Namen entsprechend findet man ihn vor allem in Küsten-
gebieten, oder an Seen, wo er sich von Fischen, kleinen Vögeln und Reptilien ernährt.
Das US-amerikanische Wappentier hat eine
Flügelspannweite von 2,40 Metern.

Anden-Kondor > Bild unten

Er macht es Wissenschaftlern nicht leicht:
Wurde er bislang zu den Geierarten gezählt,

ist der Aasfresser doch genetisch eher mit
den Störchen verwandt. Der meisterhafte
Flieger erreicht eine beachtliche Spannweite von 3,20 Metern und fliegt bis zu einer
Höhe von 8 000 Metern.

Antilope > Bild oben

Die verschiedenen Antilopenarten reichen
von solchen in Hasengröße (Dikdik) bis hin
zu solchen in der Größe einer Kuh (Elenantilope). Die Hornträger leben in Asien und
Afrika und laufen und spielen fast den ganzen Tag miteinander. Der *Erlebnis-Zoo Han-*

klettern. Das Herz der Hartmann-Bergzebras ist im Durchschnitt rund ein Kilogramm schwerer als das der größeren Steppenzebras. So sind die Zebras für das anstrengende Klettern bestens gerüstet. Je größer das Herz, desto ausdauernder sind die Tiere. Die sportlichen Huftiere kommen sogar tagelang ohne Wasser aus.

C

Chinesischer Muntjak > Bild unten

Die winzige Hirschart wird nur bis zu 40 Zentimetern hoch und wiegt ausgewachsen etwa 11 Kilogramm. Muntjaks werden auch Bellhirsche genannt, weil sie bei Gefahr ein hundeartiges Bellen ertönen lassen. Während große Hirsche ihre Machtkämpfe mit ihren Geweihen austragen, drohen Muntjak-Böcke mit ihren verlängerten Eckzähnen.

nover ist besonders stolz auf seine Zuchterfolge bei den Addax Antilopen. 100 Tiere wurden bereits wieder in ihrer ursprüngli chen Heimat in Nordafrika ausgewildert.

B

Bergzebra > Bild oben

Die kleinen Zebras mit dem gelblich braunen Fell leben im Bergland Südwestafrikas und haben sich dem Lebensraum hervorragend angepasst. Mit ihren steilen, harten Hufen können sie sicher über spitze Klippen

Von Adler bis Zebra

D

Drill > Bild unten

Der vom Aussterben bedrohte Drill lebt in
den westafrikanischen Regenwäldern.
Neben pflanzlicher Nahrung in Form von
Früchten, Blättern und Nüssen verachtet
der Drill auch kleine wirbellose Tiere nicht.
In Gefahrensituationen nimmt es die wehr-
hafte Drill-Gruppe auch schon einmal mit
Raubtieren auf.

E

Eisbär

Der Eisbär, oder auch Polarbär, stammt, wie
der Name schon verrät aus der Familie der
Bären. Zu Hause ist er in den nördlichen
Polarregionen und gilt als eines der größten
Landraubtiere.
Er wird bis zu zwei Meter lang und 800 Kilo-
gramm schwer und ernährt sich von Robben,
Fischen, aber auch Beeren und Früchten.
Durch sein weißes Fell ist er sowohl ge-
schützt als auch getarnt und somit perfekt
gerüstet für ein Leben in den Polargebieten.

Elefant > Bild oben

Der Asiatische Elefant lebt in den Wäldern
Asiens und wird bis zu 60 Jahre alt. Die gemütlichen Dickhäuter mit dem sprichwörtlich guten Gedächtnis baden außerordentlich gerne. Seine Nahrung, die gewaltige
150 Kilogramm am Tag umfasst, greift der

Asiatische Elefant mit seinem Rüssel, an dem er eine Art Finger hat.

Emu

Der flugunfähige Vogel lebt in Australien. Die Lieblingsbeschäftigung des bis zu 1,90 Meter großen Vogels ist das Fressen, womit er wohl die meiste Zeit des Tages beschäftigt ist. Die Höchstgeschwindigkeit des Emus liegt bei etwa 48 Stundenkilometern – lässt er es dagegen gemütlicher angehen, schafft er mit seinen weiten Schritten etwa sieben Kilometer pro Stunde.

Erdmännchen > Bild rechts

Die geselligen Tiere, die meist in etwa 30 Köpfe zählenden Familien leben, sind in Südafrika, Angola, Namibia und Botswana zuhause.
In menschlicher Obhut werden die Erdmännchen oder Surikaten, wie die possierlichen Tierchen auch heißen, bis zu zwölf Jahre alt. Als Wachdienst wären Erdmännchen ihr Geld sicher wert – ständig hat ein Aussichtsposten die Umgebung im Visier und meldet beispielsweise Greifvögel, die den Tieren gefährlich werden könnten.

F

Faultier

Das in Südamerika lebende Faultier hat die Gemütlichkeit erfunden. Wenn es nicht gerade sein 20-stündiges Schläfchen hält, frisst es einige Blätter – die ihm am besten in den Mund wachsen sollten. Im Zoo dürfen es dann auch schon mal Eier, Salat und Obst sein, die in aller Ruhe verspeist werden. Im Fell des Faultieres wachsen sogar Algen, die sich mit ihrem grünlichen Schimmer als tolle Tarnfarbe in den Baumwipfeln erweisen.

Somit können die Tiere weitgehend unbehelligt den ganzen Tag rumhängen – im wahrsten Sinne.

Felsenpinguin

Nicht nur in der Antarktis, sondern auch in den gemäßigteren Zonen der südlichen Halbkugel ist der Pinguin zuhause. Pinguine können nicht fliegen, aber sie sind ausgezeichnete Schwimmer und Taucher, die pfeilschnell durchs Wasser schießen.

Flamingo > Bild unten links

Der Vogel mit seiner unverwechselbaren Schlafhaltung auf einem Bein stehend, kann über 50 Jahre alt werden. Zuhause ist der Flamingo in Mittel- und Südamerika, Afrika, Südeuropa und Indien.
Sein rosafarbenes Gefieder wird übrigens durch den Farbstoff Karotin verursacht, den der Flamingo mit seiner Leibspeise (Krebse und Algen) aufnimmt.

Flusspferd

Das größte Süßwassersäugetier der Welt bringt drei Tonnen Körpergewicht auf die Waage. Bei seinen nächtlichen Wanderungen zur Futtersuche (ein ausgewachsenes Flusspferd frisst immerhin circa 40 Kilogramm Gras am Tag) legt es manchmal fünf oder mehr Kilometer zurück. Tagsüber, wenn es an Land zu warm ist, zieht es sich in das Nass zurück um zu dösen.

G

Gazelle

Die Heimat der schnellen Meister im Hakenschlagen ist Afrika und Asien. Fast 60 Kilometer in der Stunde erreicht die Gazelle – das muss sie auch, wenn sie schnellen Jägern entkommen will.

Geier

Aasfresser wie der Geier leisten in der Natur einen wichtigen Dienst: So bleibt die Umwelt sauber. Bis vor einigen hundert Jahren war der Gänsegeier auch in Deutschland zuhause. Heute findet man ihn in Süd- und Osteuropa, Nordafrika und Asien.

Von Adler bis Zebra

Gibbon > Bild linke Seite, rechts

Mit seinen überlangen Armen hangelt sich der bis zu 64 Zentimeter große Affe von Ast zu Ast. Der extrem wasserscheue Gibbon gehört zur Familie der Menschenaffen und ist in Südostasien zuhause.

Giraffe

Das Huftier mit dem langen Hals erreicht eine Höhe von fast sechs Metern. Mit ihrer blauen, bis zu 50 Zentimeter langen und unheimlich geschickten Zunge erreicht die Giraffe auch die höchsten Blätter. Mit Vorliebe frisst sie Akazienblätter.

Gorilla

Der absolut friedliche Vegetarier ist der größte Menschenaffe und lebt hauptsächlich

auf dem Boden der immergrünen Regenwälder Afrikas. Bei erwachsenen Männchen wird die Rückenfellfarbe silbergrau. „Silberrücken" verteidigen ihre Familie selbst gegen gefährliche Feinde wie den Leoparden.

H

Haubenlangur > Bild unten

Malaysia, Java, Sumatra und Thailand sind die Heimat der sehr schlank und zierlich gebauten Affenart. Die Leibspeise der Languren sind Blätter, die nicht das ganze Jahr zu bekommen sind und deshalb im Sommer in großer Menge eingefroren werden.

Haustiere

Die domestizierten Tierarten wurden vor Jahrtausenden von den Menschen gezähmt

Von Adler bis Zebra

und für die Versorgung mit Milch, Fleisch oder Wolle gezüchtet. Im *Erlebnis-Zoo Hannover* leben sehr seltene Rassen der Schweine, Kühe, Ziegen, Schafe, Ponys und Gänse.

Hulman-Langur > Bild unten links

Seine Heimat sind alle Klima- und Vegetationszonen Indiens. Dort leben diese Affen oft in alten Tempelanlagen und werden als heilige Tiere verehrt.

K

Kaiserschnurrbart-Tamarin

Der Krallenaffe verdankt seinen Namen seinem imposant geschwungenen Bart, der den Entdecker der Affenart im Jahre 1907 an den deutschen Kaiser Wilhelm erinnerte. Tatsächlich trägt der Kaiserschnurrbart-Tamarin den Bart aber nach unten gerollt – nicht nach oben gezwirbelt! Die Äffchen werden maximal 33 cm lang und höchsten 750 Gramm schwer. Sie leben in den Regenwäldern Südamerikas, fressen Früchte, Insekten und Eier.
Der bis zu 35 cm lange Schwanz dient der Balance beim Klettern und Springen.

Kanadakranich

Sein Verbreitungsgebiet liegt vor allem in Kanada, Alaska, Teilen der USA und in Sibieren. Er ist graubraun gefärbt und hat am vorderen Kopfbereich eine rote Färbung,

weiße Wangen und einen auffallend langen und spitzen Schnabel. Er wird bis zu 120 Zentimeter groß – seine Spannweite liegt zwischen 1,60 und 2,10 Meter.

Känguru > Bild linke Seite, rechts

Das bekannte Beuteltier lebt in Australien. Auf kurzen Strecken springt ein Känguru bis zu 80 Stundenkilometer schnell. Auch die Sprunghöhe von einem Meter und der Weite von bis zu 10 Meter sind beachtlich. Im Zoo Hannover findet man das Rote Riesenkänguru, das Bennett-Känguru und das Sumpf-Wallaby.

Karibu

Karibus leben in Herden in Nordamerika. Sie sind ausdauernde und schnelle Läufer. Auch die weiblichen Karibus tragen ein Geweih.

Auf ihrem eher kargen Speiseplan stehen Blätter, Kräuter, Pilze und Flechten.

Katta

Die Halbaffenart schnurrt wie eine Katze und lebt auf Madagaskar. Wenn der Katta nicht gerade frisst (Feigen des Feigenkaktus und Bananen gehören zu seiner Leibspeise), dann sonnt er sich regelrecht und streckt alle Viere von sich.

Kegelrobbe > Bild oben

Die Kegelrobbe ist genauso wie der Seehund an den deutschen Küsten verbreitet und gilt als das größte freilebende Raubtier in Deutschland. Die kegelförmige Kopfform der bis zu 300 Kilogramm schweren Robbe sorgt für den Namen. Das weit verbreitete Tier hat auch in Kanada, Großbritannien oder den

Von Adler bis Zebra

skandinavischen Ländern seinen Lebensraum gefunden,

Kranich

Kraniche sind auf der ganzen Welt bis auf
den südamerikanischen Kontinent anzutref-
fen. Die grazilen Stelzvögel mit den langen
Beinen und dem langem Hals, den sie beim
Fliegen weit ausstrecken, ernähren sich von
Pflanzen, Insekten, Schlangen, Eidechsen,
Fischen und Fröschen.

Kuhreiher

Oft auf dem Rücken großer Tiere anzutreffen,
ist der Reiher inzwischen fast auf der ganzen
Welt verbreitet. Die „Wirte" freuen sich darüber, dass der Kuhreiher sie von lästigen
Parasiten befreit – und der Vogel wird satt.

L

Lama > Bild oben

Mit seinen rutschfesten Sohlen ist der Verwandte der Kamele (allerdings ohne Höcker)
in seiner Heimat, der Bergwelt der Anden,
trittsicher unterwegs.

Leopard

Wohl fühlt er sich fast überall: ob im Gebirge oder Flachland Afrikas oder Asiens. Der
Leopard jagt Affen sowie Boden-Vögel und
auch kleinere Huftiere machen ihm Appetit.
Zum Fressen ziehen sich die Katzen mit ihrer bis anderthalb mal so schweren Beute
gerne in einen hohen Baum zurück.

Löwe > Bild unten

Der König der Tiere lebt in Afrika und Indien.
Löwen sind, wie andere Katzen auch, Jäger

der Nacht. Sie haben Katzenaugen: Eine besondere Schicht hinter der Netzhaut reflektiert das einfallende Licht. Somit sieht der Löwe auch nachts recht gut.

Lori > Bild Mitte

Die kleine Papageienart frisst hauptsächlich Pollen und Nektar, bedient sich aber auch an Früchten und Insekten seiner Heimat Indonesien, Neuguinea und Australien.

M

Mara

Maras leben in Südamerika. Wenn sie sitzen oder durchs Gras hoppeln, sehen sie ein bisschen aus wie Hasen. Daher werden sie auch Pampashasen genannt. Maras können nicht nur sehr schnell laufen und springen, sie graben auch gemütliche Wohnhöhlen, in denen sie ihre Jungen aufziehen.

Marabu

Der Verwandte unserer Weißstörche lebt in Afrika und hat eine Flügelspannweite von zwei bis drei Metern. Der Aasfresser hat genau wie die Geier einen nackten Hals, was ihn nicht unbedingt schöner wirken lässt. Umso beeindruckender sieht es aus, wenn er durch die Lüfte segelt.

Meerespelikan > Bild unten

Der Pelikan gehört zu der Familie der Ruderfüßer. Pelikane sind in Europa, Afrika, Nordamerika und Asien zuhause, wo sie an Seen, am Meer und Flüssen in großen Kolonien leben.
Auch wenn Pelikane ausgezeichnete Flieger sind, haben sie doch beim Starten erhebliche Probleme.

Meerschweinchen

Das in Deutschland sehr beliebte Haustier stammt ursprünglich aus Südamerika. Seit mindestens 3000 Jahren werden Meerschweinchen in Peru als Fleischlieferanten gehalten – ähnlich dem europäischen Kaninchen.

Von Adler bis Zebra

N

Nandu > Bild oben

Wie kleine Strauße sehen sie aus und sind
genau so flugunfähig, aber dafür ausdauernde Läufer. Nandus leben in Südamerika
und ernähren sich von Gräsern, Kräutern,
Insekten und kleinen Nagetieren.

Nimmersatt > Bild rechte Seite, rechts

Ebenfalls zur Familie der Störche gehört
der Nimmersatt. Der in Afrika und Indien
lebende Vogel stochert bei der Nahrungssuche mit seinem langen Schnabel im Ufer-

schlamm herum. Wie die meisten Störche
ist er ein ausgezeichneter Flieger.

Nördlicher Seebär

Der zur Familie der Ohrenrobben gehören-
de Seebär ist im nördliche Pazikik beheimatet. Seebärenbullen sind meist dunkelbraun
bis grau, werden über zwei Meter groß und
bis zu 270 Kilogramm schwer – ausserdem
tragen Sie eine markante Mähne.
Die deutlich kleineren Kühe werden nur bis
zu 50 Kilogramm schwer. Die vorwiegend
nachts jagenden Tiere führen Tauchgänge
um die 70 Meter aus, manchmal gar bis zu
erstaunlichen 200 Metern.

O

Orang-Utan

Auf Sumatra und Borneo, wo die Orang-Utans zuhause sind, bauen sie ihre Schlafnester mit Vorliebe an Orten mit schöner Aussicht. Wenn ein Orang-Utan doch mal auf dem Boden ist, stützt er sich beim Laufen auf „alle Viere".

P

Panda (Kleiner Panda)

Der Kleine Panda, in seiner nepalesischen Heimat auch „Bambusfresser" genannt, ist deutlich kleiner als sein schwarz-weiß gefärbter Verwandter.

Die Vorliebe für Bambus hat der einzige Vertreter der Gattung Katzenbär aber mit diesem gemein.

Pfau > Bild links

Beheimatet auf dem indischen Subkontinent, zählt der Pfau zu den größeren Vertretern der Hühnervögel. Die Schwanzfedern des männlichen Pfaus sind über einen Meter lang und werden stolz zu einem prächtigen Rad aufgeschlagen.

Präriehund

Präriehunde können genau wie Erdmännchen aufrecht stehen und bellen wie ein Hund – von daher auch der verwirrende Name der

Von Adler bis Zebra

Nager, die sich vorwiegend von Gras ernähren. Die aus Nordamerika stammenden Präriehunde, werden bis zu 40 Zentimeter groß und bevölkern in großen Kolonien vorzugsweise offenen Prärien.

Python

Es gibt afrikanische und asiatische Python-Arten. Der afrikanische Felsenpython wird bis zu sieben Meter lang, der Königspython dagegen nur anderthalb. Zu den asiatischen Arten gehört der riesige Netzpython mit bis

zu neun Meter Länge. Alle Pythonarten sind Würgeschlangen.

R

Rotducker

Der Name ist Programm: Bei Gefahr duckt sich der Rotducker tief auf den Boden, anstatt wegzulaufen. Die nur 45 cm hohe und maximal 13 Kilogramm schwere Antilope lebt im Buschwald Südostafrikas. Auf der Speisekarte des fleischfressenden Hornträ-

gers stehen neben Blättern, Gräsern, Beeren und Früchten auch Termiten, Schnecken und sogar kleine Vögel.

Rotschwanzbussard

Der Rotschwanzbussard weißt eine Körperlänge von bis zu 58 Zentimetern auf – seine Spannweite beträgt 107 bis 141 Zentimetern. Er ernährt sich von Nagern und ist der weitest verbreitete Bussard in Nordamerika. Die Bussard-Männchen sind übrigens klein er als die Weibchen. Als Lebensraum bevorzugt der Rotschwanzbussard Wälder mit offenen Gebieten aber auch Wüsten.

S

Schimpanse

Der drittgrößte Menschenaffe frisst Früchte, Insekten sowie gelegentlich kleinere Affen und kleine Antilopen. Um an schmackhafte

Termiten oder Ameisen zu gelangen, benutzt der Schimpanse sogar einfache Werkzeuge wie Äste, mit denen er die Krabbler aus dem Bau angelt.

Schnee-Eule > Bild oben

Zuhause in den Polargebieten von Europa, Asien und Amerika ist der fast schneeweiße Vogel gut getarnt. Hier ernährt er sich vor allem von Lemmingen und kleinen Nagern. Im Gegensatz zu den meisten anderen Eulenarten ist die Schnee-Eule tagaktiv – angepasst an die langen Polartage.

Seelöwe > Bild linke Seite

Die Ohrenrobben leben an Nord- und Mittelamerikas Pazifikküste und können übrigens nicht direkt von Natur aus schwimmen, sondern müssen dies erst lernen. Alle Robben sind Fleischfresser und verspeisen vor allem Fisch und Schalentiere.

Von Adler bis Zebra

Somali-Wildesel > Bild unten

Wie der Name verrät, lebt der Vorfahre unserer Hausesel vor allem in Somalia und Äthiopien. An das Leben in der Wüste angepasst, frisst er Gräser, Dornenbüsche und kann tagelang ohne Wasser auskommen.

Spitzmaulnashorn

Das extrem kurzsichtige Tier wohnt in den Buschsteppen des östlichen und südlichen Afrika. Dass es mit seinem Gewicht von bis zu zwei Tonnen fast 45 Stundenkilometer schnell rennen kann, glaubt man kaum.

Strauß

Der mit 150 Kilogramm schwerste und größte Vogel kann nicht fliegen, aber läuft dafür ausdauernd bis zu 65 Stundenkilometer. Da haben Raubtiere kaum eine Chance.

T

Tatzi Tatz > Bild rechts

Ein wenig an Frosch, Fuchs oder Bär erinnernd, ist Tatzi Tatz doch eine Mischung aller Tiere der Welt. Der Botschafter der Tiere im *Erlebnis-Zoo Hannover* stammt aus der Familie der Maskottchen und liebt Kinder und Tiershows.

Tiger > Bild oben

Der Sibirische Tiger lebt vor allem in Ostsibirien. Mit seinem fast drei Meter langen

Von Adler bis Zebra

und bis 280 Kilogramm schweren Körper geht er auf die Jagd nach Wildrindern, Antilopen, Hirschen oder auch mal nach einem Frosch oder einer Heuschrecke, wenn der kleine Hunger kommt. Im Gegensatz zu den meisten anderen Katzen liebt der Sibirische Tiger Wasser geradezu.

Timberwolf > Bild unten

Der Timberwolf gehört zu den größten Wolfsarten Nordamerikas. Er lebt im oberen Ma-

ckenzie River Valley und weiter im Süden bis nach Alberta. Die Fellfarbe der Wölfe reicht von fast Schwarz bis zu reinem Weiß. Sie jagen Karibus und Kleinsäuger.

U

Uromastyx > Bild rechte Seite, oben

Das wechselwarme Reptil lebt vor allem in den Wüstenregionen Nordafrikas und Südwestasiens.

Der Uromastyx kann seine Farbe ändern, um zum Beispiel mit einem schwarzen Schuppenkleid besser Sonne tanken zu können oder mit heller Farbe Abkühlung zu finden.

V

Virgina-Uhu > Bild unten

Die alten Griechen verehrten die Eulen wegen ihrer Sehstärke, von der sie auch auf großen Verstand schlossen. Bis heute ist

Von Adler bis Zebra

der Vogel, der in Eurasien, Nordafrika und im arabischen Raum zuhause ist, das Wappentier der Buchhändler. Besser aber noch als die lichtempfindlichen Augen ist der Hörsinn entwickelt, mit dem der Uhu zum perfekten Nachtjäger wird.

W

Waldbison

Der Waldbison ist eine Unterart der Bisons das seinen namensgebenden Lebensraum in den Waldgebieten gefunden hat. Der dem

Schutz des Washingtoner Artenschutz-Übereinkommen unterliegende Waldbison bevölkert den Wood-Buffalo-Nationalpark in Kanada. Das tagaktive Tier wird bis zu 900 Kilogramm schwer, ist aber mit 50 Stundenkilometer trotzdem erstaunlich schnell und im übrigen auch ein guter Schwimmer.

Wasserschwein > Bild unten

Der riesige Verwandte des Meerschweinchens lebt in den Feuchtgebieten und Grassteppen Südamerikas und wird fast 65 Kilogramm

schwer. Das größte Nagetier wird von den Indianern auch Capybara genannt, was soviel bedeutet wie „Herr des Grases".

Wildpute

Wildputen stammen aus Nordamerika, gehören zu den Hühnervögeln und haben einen langen, dunklen, fächerförmigen Schwanz. Wie bei vielen anderen Arten der Hühnervögel und Puten zeigen sich optische Unterschiede bei den Geschlechtern: das Männchen ist wesentlich größer als das Weibchen und auch deutlich ausgeprägter gefärbt.

Wombat > Bild oben

Weil sich die possierlichen Tiere aus Australien so schwerfällig bewegen und plump

Von Adler bis Zebra

erscheinen, heißen sie auch Plumpbeutler. Mit seinen kleinen Knopfaugen sieht der Wombat wohl genau so schlecht wie ein Maulwurf, mit dem er seine größte Vorliebe teilt: Wombats graben für ihr Leben gern und legen unterirdische Höhlen an.

Z

Zebra (Steppenzebra) > Bild links

Die auffällig gestreiften Muster der Zebras sind, ähnlich dem menschlichen Fingerabdruck, jeweils einzigartig. Die geselligen Tiere leben meist in Herden von 20 Artgenossen, mit denen sie durch die Grasländer südlich der Sahara ziehen. Als besonderen Freundschaftsdienst beknabbern sich die Zebras gegenseitig den Rücken, wenn es einmal richtig juckt.

Weitere Tierinfos

Noch mehr Informationen zu den Tieren im Erlebnis-Zoo finden Sie auf der aktuellen Homepage unter www.zoo-hannover.de

Quellennachweis

Der Artikel zur Historie des Erlebnis-Zoos Hannover beruht teilweise auf „Ein Garten für Menschen und Tiere – 125 Jahre Zoo Hannover" von Lothar Dittrich und Annelore Rieke-Müller, erschienen in der Verlagsgesellschaft Grütter – ISBN 3-9801063-2-2

Bildnachweis

Alle Abbildungen wurden vom Zoo-Hannover und Parkscout bereitgestellt. Das Copyright liegt bei den einzelnen Fotografen. Der Erlebnis-Zoo Hannover bedankt sich besonders bei den Fotografinnen Marianne Laws und Renate Rieger.

Impressum

©2010 Vista Point Verlag, Köln
5., völlig überarbeitete Auflage 2010
Alle Rechte vorbehalten

Konzeption, Redaktion und Herstellung: Parkscout Freizeitführer, Parkteam AG
Layout: Achim Schefczyk, Denis Brünn

Gedruckt auf chlorfrei gebleichtem Papier

ISBN 978-3-86871-914-7

An unsere Leserinnen und Leser!

Die Informationen dieses Buches wurden von den Autoren gewissenhaft recherchiert und von der Parkscout-Redaktion sorgfältig überprüft. Nichtsdestoweniger sind inhaltliche Fehler nicht immer zu vermeiden. Für Ihre Korrekturen und Ergänzungsvorschläge sind wir daher dankbar.

Parkscout.de
E-Mail: info@parkteam.de
Internet: **www.parkteam.de / www.parkscout.de**